V&R

Heike Kramann

Do it yourself: Selbstsupervision und Selbstcoaching

Ein Methodenkoffer für mehr Souveränität und Leichtigkeit im Beruf

Unter Mitarbeit von Hansjörg Stahl

Vandenhoeck & Ruprecht

Bibliografische Information der Deutschen Nationalbibliothek:
Die Deutsche Nationalbibliothek verzeichnet diese Publikation in der Deutschen Nationalbibliografie; detaillierte bibliografische Daten sind im Internet über https://dnb.de abrufbar.

Umschlagabbildung: Dimitris Vetsikas/Pixabay

Satz: SchwabScantechnik, Göttingen
Druck und Bindung: Hubert & Co. BuchPartner, Ort
Printed in the EU

Vandenhoeck & Ruprecht Verlage | www.vandenhoeck-ruprecht-verlage.com

ISBN 978-3-525-40858-2

Inhalt

Vom Heimwerken und Selbstmachen: Eine kleine Vorrede

»Ansonsten kann man aber alles selber machen, Punkt!«
Susanne Klingner (2011)

Do it yourself (kurz DIY und D. I. Y.) »ist eine Phrase aus dem Englischen und bedeutet übersetzt *Mach es selbst.* Mit der Phrase werden grundsätzlich Tätigkeiten bezeichnet, die von Amateuren ohne professionelle Hilfe ausgeführt werden. Besonders häufig gebraucht wird der Slogan im alltagskulturellen Kontext in Verbindung mit handwerklichem *Selbermachen* wie Reparieren, Verbessern, Wiederverwenden oder Herstellen.«[1]

Do it yourself ist aktuell sehr im Trend mit ansteigenden Zahlen seit Jahren.[2] Die Zahl der Selbstmachenden dürfte sich in der Coronakrise zur Zeit des großen Lockdown im März und April 2020 noch weiter erhöht haben: kahle Stellen in den Regalen, wo sonst Mehl und Hefe lagen[3], jede*r sprach vom Essen, die Baumärkte – wo sie denn geöffnet waren – hatten reichlich Kundschaft.

Auch das »Zeitmagazin« (Nr. 17 vom 17.04.2020) griff den Trend auf. Es porträtierte eine New Yorker Köchin und widmete das gesamte Heft dem Thema »Kochen und Backen«. Im Podcast »Fest und Flauschig«, laut Zeitmagazin dem in Berlin zweitbeliebtesten Podcast (Zeitmagazin Nr. 18 vom 24.03.2020), rapportierten Olli

1 https://de.wikipedia.org/wiki/Do_it_yourself (20.1.2020).

2 Gerade die Deutschen gelten als eine Nation der Selbermacher*innen: https://yougov.de/news/2017/07/17/do-it-yourself-bei-den-deutschen-im-trend/ (29.07.2020). Der Historiker Jonathan Voges hat dem Thema »Do It Yourself« sogar seine Dissertation gewidmet und legt damit ganz nebenbei eine Kultur-, Sozial und Wirtschaftsgeschichte der alten Bundesrepublik vor (Voges, 2017).

3 Der Verbraucherzentrale Brandenburg zufolge war Hefe zeitweise sogar teurer als Silber. https://www.verbraucherzentrale-brandenburg.de/pressemeldungen/presse-bb/hefe-teurer-als-silber-46278 (22.4.2020).

Schulz und Jan Böhmermann täglich ihre Mahlzeiten (zwischen Ragout fin und Wildschweinrücken), und Jan Böhmermann berichtete von Baumarktbesuchen, um Ersatzteile für ein zu reparierendes Lampenkabel zu kaufen. Auch Gäste in der Sendung durften kulinarisch glänzen. Zum Beispiel war zu erfahren, dass Katrin Bauerfeind einen Sauerteig hütet und päppelt und Dirk von Lowtzow sich von Yotam Ottolenghis vegetarischen Rezepten inspirieren lässt.

Unser kollektives Selbstmachen in Coronazeiten gipfelte schließlich bei vielen im eigenhändigen Nähen von möglichst cool und individuell aussehenden Community-Masken. Wir mutierten zu dem, was wir heimlich schon immer waren: einer Nation von Selbst- oder Selbermachenden. Und benötigten dazu nicht mehr als eine (Näh-) Anleitung und den Willen, es hinzukriegen.

Also genau das, was auch erforderlich ist für eine erfolgreiche Beratung mit sich selbst!

Kompass gefällig? Einige gute Gründe für berufliche Selbsthilfe

Warum ein Buch zur Selbstsupervision/zum Selbstcoaching? Nicht selten berichteten Kolleg*innen in Workshops oder im persönlichen Gespräch, dass sie in einer bestimmten schwierigen beruflichen Situation froh gewesen wären, wenn sie für die Klärung eine Außenperspektive zur Verfügung gehabt hätten, was aber leider nicht der Fall gewesen sei. Andere erzählten, dass es zwar Supervision gebe, aber nur alle sechs Wochen, oder dass das Team die Supervision jedes Jahr neu beantragten müsse, sodass regelmäßig mehrmonatliche Supervisionspausen einträten, oder dass es nur ein bestimmtes, sehr knappes Jahreskontingent an Supervision gebe, mit dem man skrupulös wirtschaften müsse.

Außer Frage scheint, dass Beratungsformate mit Außenperspektive – ob man diese dann Supervision oder Coaching[4] nennen sollte, darüber lässt sich lange debattieren – häufig als wichtiges Instrument nachgefragt werden, um eine Tätigkeit etwa im psychosozialen, pädagogischen und ärztlichen Bereich und natürlich auch in der Wirtschaft professionell zu verrichten, gleichzeitig aber nicht überall fest etabliert sind und in manchen Fällen nicht oder gerade dann nicht, wenn es vonnöten wäre, zur Verfügung stehen.

Möglicherweise kommt da ein Buch mit Navigationshilfen für knifflige berufliche Situationen gerade recht. Es kann und will zwar eine Supervision/ein professionelles Coaching nicht ersetzen, könnte aber hilfreich sein in Fällen, in denen gerade kein beraterisches Gegenüber verfügbar ist, aber eine Fragestellung dringend einer Antwort harrt. Mögliche Gründe hierfür könnten sein:

- Eine Supervision/ein Coaching ist in Ihrem Arbeitskontext aktuell nicht oder grundsätzlich nicht vorgesehen.

---

4 Auf die Unterschiede und Gemeinsamkeiten wird weiter unten noch Bezug genommen.

- Sie sind derzeit aus logistischen Gründen nicht in der Lage, Supervision zu nutzen.
- Sie sind derzeit aus monetären Gründen nicht in der Lage, Supervision in Anspruch zu nehmen.
- Das Thema/die Fragestellung, die Sie gern supervisorisch bearbeiten möchten, ist bei Ihnen sehr schambesetzt. Sie fürchten, alles, was sich da falsch machen lassen könnte, hätten Sie falsch gemacht, sodass Sie im direkten Kontakt mit der Supervisorin das Gefühl haben müssten, sich eine Blöße zu geben. Sie wählen also eher den Weg, mithilfe eines Buches mit sich in einen (hoffentlich) wertschätzenden Austausch zu treten.
- Selbstsupervision und Supervision/Coaching mit einem realen Gegenüber sind für Sie einander ergänzende Optionen, Ihr Tun zu professionalisieren. Sie nutzen einfach beide Möglichkeiten und sind gespannt, welche Ideen sich für Ihre Fragestellungen nutzbar machen lassen.

Unter den vielen Tools, die in Supervisions- und Coachingweiterbildungen vermittelt werden und die meine Kolleg*innen und ich in der Arbeit verwenden, gibt es etliche, die sich – teilweise abgewandelt, teilweise aber auch eins zu eins übertragbar – ziemlich gut auch für eine freundliche professionelle kollegiale Beratung mit sich selbst nutzen lassen.[5]

Empirisch durch einige Workshops beglaubigt und für geeignet befunden, als Selbstberatungstools vermittlungs- und anwendungsfreundlich genug zu sein, liegen sie jetzt gesammelt als Buch vor. Für alle Kolleg*innen, die unterwegs sind zu neuen Ufern und die

5 Für die meisten Leser*innen dürfte das kein ganz neuer Gedanke sein, irgendwann waren wir alle schon in der Situation, eine schwierige Frage sofort und hier und jetzt und ohne weiteren professionellen Beistand klären zu müssen, und haben dabei das eine oder das andere Handwerkszeug, das sich schon in der Arbeit mit Klient*innen oder Kund*innen als brauchbar erwiesen hat, benutzt. Sonja Radatz z. B. versammelt in ihrem Coachingbuch einige explizit so genannte »Selbstcoaching«-Tools (Radatz, 2006, S. 103 ff.). Auch Bernd Schumacher geht in seinem Supervisionsbuch auf das Format »Selbstsupervision« (Schumacher, 2006, S. 297 ff.) ein und bei Insa Sparrer und Matthias Varga von Kibéd (2000) finden sich Aufstellungen, die als Selbstaufstellungen beschrieben sind.

Beratung ohne Berater*in einmal für sich ausprobieren wollen und dafür noch einige praktikable Formate suchen.

Theoretisch folgt das Buch keiner Theorie, ist jedoch, der fachlichen Orientierung der Verfasserin folgend, ein primär systemisch orientiertes.

Proviant: Ein kleiner systemischer Brühwürfel

Es gibt viele gute, dicke und dünnere Bücher, die eine schöne Einführung in die Theorie und Praxis des systemischen Arbeitens bieten. Dieses Buch hat nicht diesen Anspruch, es will ein paar praktische, interessante wirkungsvolle Methoden vorstellen, die primär in der systemischen beraterischen Arbeit – wie Supervision, Coaching, auch Therapie – Anwendung finden.

Sie müssen als Leser*in und Anwender*in kein einschlägiges systemisches Vorwissen haben. Eine grundsätzliche Aufgeschlossenheit, einmal etwas anderes auszuprobieren, genügt schon. Wenn Sie dann noch bereit sind, statt textbasierter kognitiver Interventionen einmal solche anzuwenden, die mehr an der sinnlichen Erfahrung ansetzen, dann ist das eine gute Basis.

Mittelbar und eingestreut findet sich im Buch dann doch ein wenig Theorie zum systemischen Ansatz und auch zum systemischen Verständnis gesellschaftlicher Phänomene und Alltagspraktiken, allerdings eher situativ und nicht systematisch als Lehrbuch kondensiert. Das ist hoffentlich ausreichend hilfreich, um zu verstehen, warum hier diese und dort jene Methode empfohlen wird.

Als kurzer Einstieg für systemische Neulinge sollen an dieser Stelle ein paar wenige einführende Sätze zum Begriff »systemisch« ausreichen. All jene, die tiefer in die Materie einsteigen wollen, finden in den im Buch zitierten Werken reichlich Lesestoff.

Die systemische Praxis hat viele Mütter und Väter, die – teils eng an theoretischen Konzepten orientiert, teils diese eher als Anregung aufnehmend – verschiedene beraterische Ansätze entwickelt haben, die alle, so unterschiedlich sie auch sein mögen, unter der Flagge »systemisch« segeln. Wesentliche Leitsätze sind:

- Probleme und »Störungen« sind nicht Eigenschaften einzelner Individuen, sondern Ausdruck von Kommunikationen und Be-

ziehungen innerhalb eines Systems[6]. Das kann eine Paarbeziehung, eine Familie, eine größere Organisation sein.
- Probleme sind nicht per se schlecht, sondern geben wichtige Hinweise auf bis dato ungenutzte Lösungs- und Entwicklungsmöglichkeiten.
- Die Inanspruchnehmenden sind Expert*innen für ihre Fragestellungen, Berater*innen hingegen sind die Expert*innen für einen lösungsanregenden Dialog und damit die passenden Fragen.
- Die Praxis ist weitestgehend ressourcenorientiert: Der systemische Ansatz geht von der Annahme aus, dass jede*r neben seinen Defiziten und Schwächen auch über Stärken, Kenntnisse und positive Eigenschaften verfügt. Diese können in der Beratung herausgearbeitet und dann genutzt werden, um alte Muster, Glaubenssätze und Verhaltensweisen infrage zu stellen und produktive Suchprozesse anzuregen.
- Es gibt nicht *die* eine systemische Richtung. Wie auch in anderen Verfahren, haben sich Strömungen herausgebildet, »Schulen« implizit und explizit gegründet, wenden die einen ein bestimmtes Verfahren niemals an, während andere fast ausschließlich damit arbeiten. Wie im echten Leben spielen persönliche Präferenzen und die Möglichkeit, bestimmte Dinge im beruflichen Alltag anwenden zu können oder auch nicht, eine bedeutsame Rolle.

Dieses Buch ist als Arbeitshilfe mit einer sehr anwendungsorientierten Zielsetzung gedacht und vermittelt deshalb Methoden aus sehr unterschiedlichen systemischen »Schulen« und Richtungen. Die Auswahl wurde dem Zweck untergeordnet und nicht der Vorliebe für eine bestimmte Richtung. Die Tools sollten selbsterklärend oder wenigstens in ihrer Verschriftlichung verstehbar sein und gut anwendbar und idealerweise auch überwiegend Ihre sinnliche Wahrnehmung anregen.

---

6 Eine Begriffsbestimmung für »System«, die mehrheitsfähig sein dürfte, ist die, dass ein System stets aus mehreren zueinander in Beziehung stehenden Einheiten besteht und von seiner Umwelt abgegrenzt ist. Mehr dazu z. B. in Simon (2006).

Wie schon erwähnt, sind tiefere theoretische Vorkenntnisse zum Verstehen und Anwenden der hier vorgestellten Formate nicht oder zumindest nicht in all ihrer Komplexität erforderlich. Also einfach in guter Selbstmachtradition beherzt machen und sich freuen, wenn es klappt!

Damit aber das eigene Tun doch, wenn gewünscht, in einen Theoriezusammenhang gebracht werden kann, damit Sie also eine kleine Orientierung haben und nicht ganz ohne Kompass reisen müssen, werden die hier vorgestellten Beratungsformate den jeweiligen systemischen »Schulen« bzw. Richtungen zugeordnet und jeweils mit einem kleinen einführenden theoretischen Text eingeleitet.

Reiseutensilien: Ich packe meinen Koffer

Ehe es praktisch wird, geht es zunächst um ein paar notwendige Begriffsdefinitionen: Was ist Supervision? Was ist dagegen Coaching? Welche Unterschiede lassen sich finden, welche Gemeinsamkeiten? Und wie kann die Anwendung dieser Praktiken auf sich selbst funktionieren?

Mit Blick auf die Praxis werden dann die Kontextbedingungen des beraterischen Handelns skizziert, ergänzt um Anmerkungen zur Funktionslogik von Organisationen, zum Phänomen des Burnout und wie man/frau sich davor schützen kann. Dabei – so viel sei hier schon gesagt – stellen das Wissen um die beruflichen Rahmenbedingungen und die Kenntnis der eigenen Einflussmöglichkeiten schon einmal ganz brauchbare präventive Faktoren dar.

Es folgt im Kapitel »Hart am Wind …«, in Anlehnung an Bernd Schmid (2008) sowie Julika Zwack und Ulrike Bossmann (2017), eine Darstellung von beruflichen Entscheidungsdilemmata und wie diese trotz diverser Schwierig- und Widrigkeiten sich auflösen lassen. So gerüstet kann es spätestens jetzt losgehen mit der beruflichen Selbstberatung.

Einige der vorgestellten Tools im Kapitel »Der Methodenkoffer …« haben mehrere Mütter und Väter, ohne dass immer klar ist, wer denn nun Urheber/-in ist. Wo bekannt, werden sie genannt. Einige Methoden können, wie schon gesagt, mehreren systemischen Strömungen zugerechnet werden, lassen sich damit also nicht eindeutig zuordnen[7], werden aber dennoch – um Wiederholungen zu vermeiden – nur einmal erläutert. Das Botanisieren und Katalogisieren hat eben seine Grenzen und auch hier im Kleinen bildet sich die Komplexität des Großen und Ganzen im (beruflichen) Leben ab.

Was alle Formate eint, ist, dass sie leicht anwendbar sind, mit wenigen bis keinen Hilfsmitteln auskommen und bei den Anwender*innen – hoffentlich – neue Ideen freisetzen, mit denen Lösungen wahrscheinlicher werden.

Sehr viele eignen sich für die Selbstberatung, also für Sie selbst im Einzelsetting mit sich, einige können Sie darüber hinaus gut auch mit Gewinn in der Peergruppe, Ihrer Intervisionsgruppe und, falls vorhanden, mit Ihrem Team oder in anderen Mehrpersonensettings anwenden (siehe hierzu auch das Kapitel zur Intervision).

Überwiegend werden, wie schon angedeutet, Techniken beschrieben, die nicht nur bzw. in den meisten Fällen sogar sehr wenig den Weg über Sprache und Kognition gehen, sondern häufig dazu anregen, über Unterschiedsbildungen und Wahrnehmungen in verschiedenen Sinnesmodalitäten Veränderung zu erkunden.

Sich mit sich selbst in Sprache zu unterhalten, ist nämlich erheblich schwieriger, als gezielt und systematisch das wahrzunehmen, was der Körper und seine Sinnesorgane ohnehin artikulieren.[8] So lässt sich das Buch auch als eine kleine Anleitung lesen, diese Wahrnehmung zu schulen und dem einen oder anderen Organsystem einmal interessierter zuzuhören.

Reisegruppe: Alle an Bord?

An wen wendet sich das Buch? Adressat*innen sind Kolleg*innen, die im weitesten Sinne klinisch tätig sind und im psychosozialen und pädagogischen Feld arbeiten, unabhängig von den jeweiligen

7 Zum Beispiel passt die »Disneystrategie« in die Abteilung »Hypnosystemisches Arbeiten«. Da sie aber Stühle zur Veranschaulichung benutzt, kann sie auch in der Abteilung »Impacttechniken« vorgestellt werden, ebenso z. B. das »Processing« mit einem Seil als Hilfsmittel.

8 Mehr dazu in den Kapiteln Embodiment/Hypnosystemisches Arbeiten sowie Metaphern.

Hierarchieebenen. Dazu zählen niedergelassene wie angestellte Psychotherapeut*innen, Professionelle aus dem Gebiet der Sozialen Arbeit, des Bildungswesens und in Beratungssettings. Auch in Kliniken und Praxen tätige ärztliche und nichtärztliche Kolleg*innen dürfen sich angesprochen fühlen und gern und explizit auch Menschen, die als Führungskräfte tätig sind im Profit- oder Non-Profit-Bereich und sich mehr durch den Begriff »Coaching« mitgenommen fühlen.

Systemisches Vorwissen ist, wie gesagt, nicht notwendigerweise Voraussetzung, stellt aber auch kein Hindernis dar, um dieses Buch zu lesen und Tools daraus anzuwenden. Mit Vorkenntnissen können Sie den jeweils vorangestellten Theorieteil, der die Erläuterung der Formate rahmt, gern überblättern, sofern der Inhalt Ihnen allzu bekannt vorkommt. Oder aber Sie schließen sich gedanklich hier oder da an und lesen dann vertiefend, entlang der Literaturhinweise oder der eigenen Neugierde folgend, weiter.

Verfügen Sie (noch) über keine systemischen Vorkenntnisse, so nutzen Sie einfach die hier vorgestellten Tools für Ihre Anliegen. Wenn Sie unterwegs auf den Geschmack kommen und mehr dazu wissen wollen, als Sie den einführenden Texten entnehmen können, so lassen Sie sich gern ebenfalls über die genannten Literaturhinweise zum Weiterlesen verführen.

Reisezweck oder wenn #stayathome und das Plündern der eigenen Vorratskammer Sie nicht weiterbringen

Für die folgenden und sicher noch einige andere beruflichen Fragestellungen könnte dieses Buch Ihnen ein kleiner Kompass sein:

- Wenn Sie ab und zu etwas Hilfe gebrauchen könnten beim Navigieren zwischen zwei oder mehreren beruflichen Entscheidungsoptionen;
- wenn Sie herausfinden wollen, welche Aspekte sich noch hinter der Fragestellung, die Sie gerade beschäftigt, verbergen;
- wenn Sie Ihr Verhältnis zu bestimmten Kolleg*innen oder zu Ihrem Team klären wollen;
- wenn Sie Ihre eigene Verortung innerhalb Ihrer Organisation überprüfen wollen;

- wenn Sie bestimmte Verläufe, etwa Beratungsprozesse oder Beschäftigungsverhältnisse, noch einmal Revue passieren lassen möchten;
- wenn Sie sich selbst in Bezug auf die anderen Mitspielenden in einem bestimmten Fall reflektieren möchten.

Lesen Sie das Buch als kleine Navigationshilfe für ambiguitätsgesättigte Situationen. Testen Sie, welche der hier vorgestellten Tools zu Ihnen als Person und zu Ihnen mit je spezifischen Fragestellungen am besten passt. Experimentieren Sie, wandeln Sie Anwendungen ab, wenn es Ihnen notwendig erscheint. Packen Sie sich dann einen kleinen Werkzeugkoffer mit Lieblingsformaten voll und werfen Sie, was Sie nicht verwenden können, zurück ins Meer.

In diesem Sinne viel Vergnügen und gute Fahrt!

Supervision und Coaching: Alles eine Frage des Bedeutungsrahmens?

»Das Wichtigste in der Kunst ist der Rahmen.«
Frank Zappa

Nach diesen einleitenden Worten ist es Zeit, sich dem zuzuwenden, von dem das Buch handelt: (Selbst-)Supervision und (Selbst-)Coaching. Gibt es Unterschiede jenseits des »Wordings«, Unterschiede, die das eine vom anderen klar hinsichtlich verschiedener Parameter wie Praktiken, Kontexte, Inanspruchnehmende, Anbietende trennen? Falls ja, welche? Und machen diese Unterschiede einen Unterschied im Bateson'schen Sinn?[9] Oder können wir möglicherweise mit unterschiedlichen Landkarten dieselbe Landschaft durchstreifen, und zwar erfolgreich?[10] Die immer passende pragmatisch-systemische Antwort lautet: Kommt darauf an, nämlich darauf, wer was beobachtet.

Ehe wir uns der Unterscheidung zwischen Supervision und Selbstsupervision bzw. Coaching und Selbstcoaching zuwenden, befragen wir erst einmal die primären Begriffe.

---

9 »Informationen bestehen aus Unterschieden, die einen Unterschied machen« (Bateson, 1987, S. 123).

10 Hier muss die Geschichte der ungarischen Militäreinheit erzählt werden, die ein Manöver in den Schweizer Alpen durchführte und, vom Schneesturm überrascht, zwei Tage herumirrte und doch am dritten Tag unversehrt im Basislager ankam. Wie das? Als sie sich schon aufgegeben hatten, so der Kommandant, habe einer der Soldaten noch eine Karte in seinem Rucksack gefunden, mit deren Hilfe der Kommandant, als der Schneesturm sich gelegt hatte, seine Leute zurück ins Basislager führen konnte. Groß sei die Überraschung gewesen, als man später entdeckt habe, dass diese Karte nicht die Schweizer Alpen, sondern die Pyrenäen zeigte (Quelle: Karl E. Weick, Sensemaking in Organizations, zit. nach Petek, 2012, S. 25). Auch Fritz Simon referiert diese Geschichte (Simon, 2009, S. 30 f.).

Was ist Supervision, was ist Coaching oder welchen Schuh wollen Sie sich anziehen?

Laut »Coaching-Report«[11] ist Supervision eine Methode, um Einzelne, Teams, Gruppen und Organisationen bei der Reflexion und Verbesserung ihres privaten, beruflichen oder ehrenamtlichen Handelns zu begleiten. Folien sind, je nach Zielvereinbarung, die Arbeitspraxis, die Rollen- und Beziehungsdynamik zwischen Supervisand*in und Klient*in, die Zusammenarbeit im Team bzw. in der Organisation der Supervisand*innen etc.

Laut David Keel (2003), der mit seiner Definition von Supervision im Coaching-Report zitiert wird, umfasst die Supervision die Reflexion von Problematiken, die die Supervisandin im Arbeitskontext erlebt hat oder auf die sie sich vorbereiten will. Die Reflexion fokussiert auf das Verhalten und das Innenleben aller Beteiligten und Betroffenen und auf das Verhältnis des zu supervisierenden Systems zu anderen, assoziierten Systemen.

Supervision wird in aller Regel im sogenannten Non-Profit-Bereich angeboten und nachgefragt.

Was ist was? Zum Verhältnis von Supervision und Coaching

Hier sind, auch wieder laut Coaching-Report (s. Fußnote 11), mehrere Bestimmungen möglich, von denen eine lautet: Supervision *ist* Coaching, d. h., eigentlich gibt es – jenseits der Begriffe – keine Unterschiede zwischen den beiden Formaten. Also ein und derselbe Wein in verschiedenen Schläuchen respektive ein und dieselbe Beratung, die eben nur in Räumen mit unterschiedlichen Türschildern stattfindet, wobei die Bezeichnung »Supervision« eher im Non-Profit-Bereich gebraucht wird, dort auch in der Beratung von Führungskräften. In der Wirtschaft hingegen ist die Bezeichnung

11 https://www.coaching-report.de/definition-coaching/modelltheoretischer-hintergrund/coaching-vs-supervision.html.

»Coaching« üblich und dieses wird auch vorwiegend von Führungskräften genutzt.[12]

Eine zweite Position blickt auf die Funktionen: Demzufolge hilft Supervision den Mitarbeitenden mit der Arbeitsaufgabe, den Klient*innen und den Settings zurechtzukommen. Coaching hingegen ist eine Beratungsform für Führungskräfte in Bezug auf deren Verhalten gegenüber den Mitarbeitenden.

Schließlich noch eine dritte Definition: Supervision stellt einen arbeitsbezogenen Reflexionsrahmen zur Verfügung, Coaching hingegen ist klar lösungsorientiert. So gesehen ist dann jede Supervision auch Coaching, aber nicht jedes Coaching auch Supervision, da alle Coachingelemente in Supervision enthalten sind, nicht jedoch alle Supervisionselemente im Coaching.

Sonja Radatz' Bild vom Systemischen Coaching als einem »gemeinsame[n] Tanz« (Radatz, 2006, S. 13 ff.) zwischen »gleichwertigen Partnern« ist sehr ansprechend, weil die Tanzmetapher sofort Assoziationen freisetzt von gut gelaunten Menschen, die sich kraftvoll, anmutig und bezogen aufeinander im Raum bewegen, allerdings gehört zu den Regeln beim Paartanz, dass eine*r führt, der/die andere folgt.

Im Weiteren definiert Radatz Systemisches Coaching als »Beratung ohne Ratschlag – eine Beziehung zwischen Coach und Coachee, in der der Coach die Verantwortung für die Gestaltung des Coachingprozesses und der Coachee die inhaltliche Verantwortung übernimmt – also die Verantwortung dafür, an seinem Problem zu arbeiten« (S. 16), eine Definition, der man/frau sich sicher gut anschließen kann.

12 Wenn Menschen, die auf eher niedrigen Hierachieebenen in Wirtschaftsunternehmen tätig sind, ein kostenloses Coaching durch den Arbeitgeber angeboten wird, so könnte das auch ein Danaergeschenk sein. Das Ziel ist hier ja meist von der Führungsebene vorgegeben, nämlich das eben nicht verhandelbare Ausscheiden der betreffenden Person aus dem Unternehmen, oder es wird von den Führungskräften der Wunsch an die betreffende Person adressiert, ein von der Norm abweichendes, unerwünschtes Verhalten zu verändern. Damit wird die bilaterale Konstruktion von hier Coach/Auftragnehmerin und dort Coachee/Auftraggeberin zugunsten eines Auftragsdreiecks mit einer klaren Hierarchisierung verändert.

Coaching hat Radatz zufolge primär einen Gegenwartsaspekt, nämlich, dem oder der Ratsuchenden zu helfen, die als vorhanden vorausgesetzten Problemlösungsfähigkeiten aufzurufen und sich ihrer bei der Klärung einer Fragestellung zu bedienen.

Der Zukunftsaspekt liegt darin, dass beim Coaching persönliche bisherige Handlungsmuster weiterentwickelt werden können, um nutzbar gemacht zu werden für die Lösung künftiger ähnlicher Probleme (S. 17).

Man ahnt, dass es dann auch einen Vergangenheitsaspekt geben muss, nämlich unsere jeweils individuelle persönliche Struktur mit unseren Werten, Glaubenssätzen, Geschichten, die wir und andere uns über uns erzählen, mit unseren Zielen und Denkmustern (S. 20), die uns beim Lösen von Problemen helfen oder aber auch uns dabei im Weg stehen.

Mit Humberto Maturana und Francisco Varela (1987) wird davon ausgegangen, dass diese Strukturen insofern operational geschlossen sind, als man nicht gezielt von außen mit dem Wunsch nach einem bestimmten Ergebnis intervenieren kann, weil der Mensch eben kein Zigarettenautomat ist, in den man oben eine Münze wirft und unten kommt eine Schachtel heraus mit einem Kamel darauf. Aber dennoch ist natürlich Veränderung nicht nur möglich, sondern geschieht im Prinzip immer, was schon Heraklit wusste, als er sagte, dass man nie zweimal in denselben Fluss steigt: Alles, was wir erleben, und alle Begegnungen, die wir haben, alle Erlebnisse, alle Interaktionen hinterlassen in uns Spuren, die letztendlich eine Veränderung bewirken. Wir überprüfen und modifizieren entweder aktiv unsere Haltung des In-der-Welt-Seins oder wir lassen die Aneinanderreihung von unterschiedsbildenden Augenblicken einfach geschehen, ohne dass wir darüber reflektieren. Die Veränderungen können auch unsere Glaubenssätze, die Arten des Problemlösens, unsere Werte und vieles mehr umfassen.

Thematische Abgrenzungen nimmt Radatz eher nicht vor: Systemisches Coaching kann ihr zufolge mit Organisationen durchgeführt werden, zur Klärung individueller beruflicher Fragen und auch für Fragestellungen im privaten Bereich (Radatz, 2006, S. 17).

Im Unterschied zur Supervision, die z. B. als prozessorientierte Teamsupervision einige Sitzungen zur Klärung einer bestimmten

Fragestellung/eines Themas beanspruchen kann, bemisst Radatz den Coachingprozess im Sinne der Klärung einer Fragestellung generell auf schlanke, sportliche 90 Minuten.

Jürgen Hargens und Uwe Grau (1995, S. 27) formulieren den Supervisionsgedanken so: »In diesem Sinn begreifen wir Supervision als ›Anwendungswissenschaft‹ – als Anwendung eines grundlegenden psychologischen Wissenskanons auf unterschiedliche berufliche Kontexte –, um den dort Tätigen eine kompetenzorientierte Reflexion ihres Handelns zu ermöglichen und zu erleichtern.«

Einen Unterschied zum Coaching in Bezug auf die Praxis sieht Hargens, der einen beruflichen Weg vom klassischen psychologischen Psychotherapeuten in eigener Praxis zum Autor, Lehrenden und Supervisor zurückgelegt hat und schließlich zum Coaching gekommen ist, nicht. Im Vordergrund steht für ihn, sich mit seiner Beratungskompetenz unterschiedlichen Kund*innen zur Verfügung zu stellen: »Im Laufe der Zeit entwickelte sich neben der Supervision – der Reflexion der Arbeit – ein weiteres Arbeitsfeld, das des Coaching. Ich ließ mich darauf ein, mit KundInnen zu arbeiten, die ausdrücklich Coaching wünschten, und arbeitete mit ihnen zunächst so, als hätten sie Supervision verlangt. Da die KundInnen mit dem Ergebnis der Arbeit zufrieden waren, stellte sich für mich die Frage, ob und welchen Unterschied die Bezeichnungen Supervision und Coaching machen. Für mich verschwand der Unterschied immer mehr. Anders gesagt, ich bezog mich weiter darauf, meine Kompetenz als Berater einzusetzen, und diese unterschied sich nicht im Hinblick auf Supervision und Coaching. Es ging und geht mir immer darum, der Kundin zu helfen, ihre Ziele zu formulieren, diese Ziele in konkrete Handlungen (›Operationen‹) zu übersetzen und danach zu schauen, welche ihrer eigenen Kompetenzen sie nutzen kann auf dem Weg zum Ziel« (Hargens, 2010, S. 17).

Kurz gesagt, der Kunde entscheidet auf der Basis der je eigenen beruflichen Verortung, wie die Beratung definiert ist. Die Semantik ist der Pragmatik untergeordnet.

Nando Belardi (2013, S. 50) stellt ebenfalls einen funktionalen Supervisionsbegriff vor und definiert Supervision als »Erweiterung von Kompetenzen […], die sich mindestens auf vier Dimensionen«

bezieht. Diese vier Kompetenzen sind die personale Entfaltung«, also die Erweiterung des Wissens über sich und die eigene Wirkung auf andere; die »Beziehungs-, bzw. Arbeitsgestaltung« mit arbeitsbezogenen Interaktionen, Konflikten, Lösungen; die »strukturelle Entfaltung«, also Rollenausgestaltung und Funktionen am Arbeitsplatz; und zuletzt die »methodische und instrumentelle Entfaltung« mit der beruflichen Weiterentwicklung in Bezug auf arbeitsbezogene Krisen und Problemsituationen (S. 50).

Coaching wird bei Belardi als eine von zahlreichen Anwendungsmöglichkeiten der Supervision rubriziert, historisch abgeleitet von der psychologischen Unterstützung für Spitzensportler in den USA und dann übertragen auf die Beratung von Menschen mit Leitungsaufgaben in verschiedenen Subsystemen der Gesellschaft (S. 56). Coaching habe zwei Ziele, nämlich die »Unterstützung, Begleitung und berufliche Reflexion von Menschen in Leitungs- und Spitzenpositionen sowie persönlicher Kontakt, vermischt mit kritischer Solidarität« (S. 57). Dem Autor zufolge sind hiermit die Grenzen zwischen Einzelsupervision und Coaching fließend, wobei man in Wirtschaft, Verwaltung, Politik und Sport eher vom Coaching spreche. Unterschiede sieht Belardi darin, dass das Coaching eher Bezüge zur Personalentwicklung und Managementlehre habe, Supervision eher aus den helfenden Berufen komme und damit im Coaching bei der Klientin das psychologische Wissen, das man bei der Supervisandin als abrufbar voraussetzen könne, eher nicht vorhanden sei (S. 57 f.).

Zusammenfassend lässt sich feststellen, dass es möglich ist, zwischen Supervision einerseits und Coaching andererseits funktional zu differenzieren, sodass Ersteres eher der Sphäre der psychosozialen Berufe zugeordnet werden kann und Letzteres eher den mehr kompetitiv orientierten gesellschaftlichen Subsystemen wie Politik, Wirtschaft und Sport mit Beratungsangeboten für High Performer*innen[13].

Diese Unterscheidung ist möglich, aber nicht zwingend. Wesentlicher scheint die Differenzierung auf der semantischen Ebene zu

13 Schreyögg und Schmidt-Lellek (2015, S. XV) betonen, dass die Tatsache, dass Coaching eben keine eigenständige Profession sei, eine größere Offenheit für Neues begünstige und deshalb einen Vorteil darstelle.

sein, die die jeweiligen Adressat*innen der Beratungsangebote für sich selbst vornehmen.

Es sei noch darauf hingewiesen, dass Supervision und auch Coaching zwar akademisierte Professionen sind, die zum großen Teil von Akademiker*innen ausgeübt werden – die darüber auch meterweise Praxisbücher verfasst haben –, und auch die Nutzenden sind häufig akademisch Gebildete, aber eine Akademisierung in dem Sinne, dass Supervision und Coaching Forschungsgegenstand an Universitäten ist, findet erst zögerlich statt. Eine Supervisionstheorie oder sogar mehrere konkurrierende wurden bisher noch nicht beschrieben, ebenso gibt es noch keine Wirkfaktorenforschung.

Relativ früh und intensiv hat sich der in der Tradition Luhmanns stehende Soziologe Stefan Kühl mit Supervision und Coaching befasst, wobei er es vorzieht, von »personenorientierter Beratung in Organisationen« (Kühl, 2008, S. 12) zu sprechen, weil seiner Meinung nach gerade der Begriff »Coaching« durch das Voranstellen abenteuerlicher Präfixe wie Zen-, SM-, IT-, Astro- etc. eine derart »hohe semantische Elastizität« aufweise, dass er kaum noch trennscharf und präzise verwendet werden könne.

Silja Kotte, Denise Hinn, Katrin Oellerich und Heidi Möller (2016) haben im Unterschied zu Kühl einen empirischen Zugang gewählt und Metaanalysen zur Wirksamkeit von Coaching ausgewertet, wobei laut den Autorinnen nur maximal 24 Primärstudien für die Metaanalysen zur Verfügung standen. Das nicht ganz unvorhersehbare Ergebnis war, dass Coaching wirkt, sowohl in der eigenen retrospektiven Beurteilung des Coachingprozesses durch Coachees wie auch, allerdings etwas weniger, in der Beurteilung von Team, Kolleginnen, Vorgesetzten. Nahezu ungeklärt und damit ein dringendes Forschungsdesiderat ist die Frage, *wie* Coaching wirkt, also nach den Wirkfaktoren jenseits der Beziehung zwischen Coach und Coachee.

Intervision und kollegiale Beratung: Mitreisende ins Boot holen

»Keiner von uns ist so schlau wie wir alle.«
Ken Blanchard (z. B. auf Pinterest)

Die Idee zu diesem Buch folgte primär dem Gedanken, jedem und jeder Einzelnen ein rasch wirksames Vademecum in die Hand zu drücken, damit dringende fachliche Probleme notfalls auch ohne externe Beratung gut gelöst werden können. Denn wer in Arbeitskontexten tätig ist, die eher geneigt sind, das seelische Gleichgewicht zu disturbieren, sollte sich rasch und einfach in einen ressourcenvollen Zustand versetzen können.

Aber selbstverständlich können etliche der hier vorgestellten Werkzeuge problemlos in einem alternativen, ebenfalls selbstorganisierten Beratungssetting wie Intervision oder kollegialer Beratung durchgeführt werden.

Alle an Bord: Formen kollegialer Beratung

Ist Supervision bzw. Coaching – ob im Einzelsetting, in der Gruppe oder im Team – die Reflexion beruflicher Anliegen gemeinsam mit einer Fachperson, die nicht dem eigenen Arbeitskontext angehört, sondern von außen hinzugezogen wird, so bedeutet Intervision die gemeinsame kollegiale Beratung und berufliche Reflexion ohne eine Fachperson.

Kaum davon abzugrenzen sind Qualitätszirkel und Peergruppen im Rahmen der Beratungsweiterbildung.[14] Auch an dieser Stelle wird auf eine Ausdifferenzierung in hier Peergruppen und dort

14 Eine ausführliche Darstellung, die sehr darum bemüht ist, alle Spielarten kollegialer Fachgespräche aufzuführen und gegeneinander abzugrenzen, findet sich bei Lippmann (2003).

gemeinsame kollegiale Beratung verzichtet, weil weitere Hybridmodelle nicht nur denkbar, sondern auch persönlich erlebt und gestaltet wurden und werden und dabei machen diese Unterschiede keinen Unterschied.

Während Intervision/kollegiale Beratung schon lange und vielfältig genutzt wird von Berater*innen, Therapeut*innen, Supervisor*innen zur Reflexion der eigenen Berufspraxis[15], war sie lange Zeit kein Gegenstand wissenschaftlicher Forschung oder zumindest reflexiver schriftlicher Darstellungen. Das hat sich mittlerweile geändert, und man kann heute doch von einem größeren, sich auch in Publikationen niederschlagendem Interesse an dem Thema sprechen.

Das ist auf der einen Seite als positiv zu bewerten, weil Intervision und alle anderen Formen kollegialer Beratung einen wesentlichen Reflexionsort für die in der beruflichen Praxis auftretenden Schwierigkeiten darstellen und somit einen wichtigen Beitrag leisten für die fachliche Professionalisierung und die individuelle Selbstfürsorge in Bezug auf die Arbeit. Auf der anderen Seite wird mit den durchaus normativ grundierten Anleitungen (z. B. Tietze, 2016) für eine kollegiale Beratung den Professionellen die Professionalität in Bezug auf selbstorganisierte Beratung in der Gruppe wieder abgesprochen und der Selbstermächtigungsaspekt bedauerlicherweise nivelliert zugunsten der Orientierung an einem Leitfaden.

Erfrischend dagegen der Satz von Johannes Herwig-Lempp: »Teamberatung ist kein Mysterium, und es bedarf auch keiner langjährigen zeit- und kostenintensiven Weiterbildung, die hier vorgestellten Ideen auszuprobieren« (Herwig-Lempp, 2016, S. 15).

Dem ist nichts hinzuzufügen, außer, dass dieser Satz sich natürlich auch sehr gut auf die Selbstberatung anwenden lässt.

15 Eine mir gut bekannte Kollegin trifft sich seit mehreren Jahrzehnten mit stets denselben Kolleginnen in einer Intervisionsgruppe, ich selbst bringe es auf mindestens 15 Jahre in einer solchen Gruppe mit ebenfalls hoher personeller Kontinuität. Hier stellt die Intervisionsgruppe, die mehrere verschiedene Arbeitstätigkeiten und -stellen begleitet hat, einen der dauerhaftesten beruflichen Zusammenhänge dar.

Definitionen: Von der Super- zur Intervision und weitere Formen gemeinsamer Beratung

Der Begriff »Intervision« wurde von dem Niederländer Jeroen Hendriksen (2000) geprägt, der anfangs auch noch das Modell einer kollegial organisierten gemeinsamen Fallberatung vertrat. Dieses gab er auf zugunsten eines Modells, welches eine externe Intervisionsbegleitung vorsieht. Hendriksen geht allerdings davon aus, dass alle Intervisand*innen einer gemeinsamen Organisation entstammen und hier die Effektivität der Gruppenarbeit, wenn sie angeleitet ist, größer sei.

Nach Eric Lippmann (2003, S. 17 ff.) lässt sich eine Intervisionsgruppe folgendermaßen beschreiben: Die Gruppe besteht aus gleichrangigen Mitgliedern. Diese mögen sich unterscheiden in Qualifikation, beruflichem Rang, Tätigkeitsfeldern, sind aber in Bezug auf die Falleinbringung alle gleich im Sinne von gleichrangig. Es gibt dabei in der Regel einen weitgehend gemeinsamen beruflichen Hintergrund. Dieses Merkmal kann so eng gefasst sein, dass es sich um Mitglieder desselben Teams oder derselben organisationalen Einheit handelt oder etwas weiter aufgefächert: Die Gruppenmitglieder haben ähnliche Tätigkeitsfelder, z. B. sind alle in der Gruppe als Berater und Therapeutinnen im psychosozialen Feld tätig oder arbeiten als Supervisorin oder Coach oder alle sind im Bereich Human Resources unterwegs oder, oder …

Es kommt aber auch vor, dass sich Menschen aus sehr unterschiedlichen beruflichen Bezügen zu einer Intervisionsgruppe zusammentun. Der hier entstehende multiperspektivische Blick auf berufliche Fragen kann zu sehr interessanten Antworten führen und ist ein schönes Beispiel für gelebte Diversity.

Da jede*r mit dem Ziel die Gruppe besucht, am Ende der gemeinsamen Beratung mit einer Lösungsidee für die eingebrachte Frage nach Hause zu gehen, sind Intervisionsgruppenteilnehmer*innen also alle Kund*innen im Sinne Steve de Shazers.

In aller Regel gibt es in jeder Intervisionsgruppe eine gemeinsam festgelegte Struktur, wie die Gruppengröße, Dauer, Frequenz, Moderation, Dokumentation.

Es gilt das Gebot der Freiwilligkeit und der Verbindlichkeit. Auf der einen Seite ist also eine Zwangsmitgliedschaft qua Zugehörigkeit zu einer bestimmten Organisation oder Berufsgruppe nicht möglich, auf der anderen Seite sollte jedes Mitglied ein verbindliches Commitment zu seiner Teilnahme abgeben, damit inhaltliche Kontinuität gewahrt wird und vertrauensvolle Beziehungen zwischen den Gruppenmitgliedern entstehen können. Als Add-on zur Arbeitstätigkeit gedacht, heißt dies auch, dass kein Gruppenmitglied für seine Teilnahme ein Honorar bezieht.

Was bringt mir das? Vom Nutzen kollegialer Beratungsformen

Lippmann (2003, S. 19 ff.) unterscheidet hier nach dem Nutzen für das individuelle Gruppenmitglied und nach dem Nutzen für die Organisation. Das einzelne Gruppenmitglied kann durch die Teilnahme an einer Intervisionsgruppe

- die eigene Professionalität erhöhen und eigene Denkmuster erweitern oder infrage stellen, seine Handlungsmöglichkeiten erweitern, an den Fällen anderer lernen, ein professionelles Netzwerk aufbauen und gegebenenfalls auch zwischen den Sitzungen Kolleginnen und Kollegen aus der Gruppe kontaktieren;
- Psychohygiene betreiben und sich entlasten, sei es durch Klagen im Sinne de Shazers[16] oder auch durch die Feststellung, dass man/frau gerade nicht der/die Einzige ist, der/die in Schwierigkeiten steckt;
- seinen fachlichen Horizont erweitern, indem neue Techniken besprochen werden und/oder theoretische Reflexionen stattfinden.
- Und natürlich können und werden in aller Regel auch die makrostrukturellen Rahmenbedingungen der eigenen Arbeit reflektiert.

---

16 Steve de Shazer (de Shazer u. Dolan, 2009) unterscheidet die Inanspruchnehmenden einer Beratung in Kund*innen (Menschen, die wissen, was sie wollen und von wem, und bereit sind, selbst etwas zu verändern) in Klagende (solche, die ein Problem beschreiben können, aber sich selbst nicht als Adressat*innen von Lösungsideen sehen) und Besucher*innen (solche, die eher kommen bzw. geschickt werden, nicht weil sie selbst ein Problem lösen wollen, sondern weil andere ein Problem sehen).

Die Organisation kann profitieren dadurch,
- dass ihren Mitglieder relativ kostengünstig eine fachliche Fortbildung und gleichzeitig eine psychische Entlastung zuteilwird;
- dass Fragestellungen zeitnah zu ihrem Auftauchen geklärt werden können;
- dass, sofern die Intervisionsgruppe aus Mitgliedern derselben Organisation besteht, diese eine größere Kohäsion erfährt;
- dass, sofern die Teilnehmenden Mitglieder verschiedener Organisationen sind, organisationsübergreifende informelle Netzwerke entstehen;
- dass bei Peergruppen im Rahmen der Aus- und Weiterbildung die Implementierung des Gelernten unterstützt wird.

Ablauf: Routenplaner Teil 1

Im Ablauf unterscheidet sich eine Intervisionsgruppensitzung nicht wesentlich von einer Supervisionssitzung (Lippmann, 2003, S. 69 f.):
- Eine Person hat in der Regel den Hut auf und moderiert. Eine Intervisionsgruppe ist also nicht vollkommen leitungslos, mindestens werden in aller Regel durch eine Person alle formalen Schritte eines Intervisionsprozesses anmoderiert. Die Moderatorposition kann wechseln oder mag einem bestimmten Rotationsprinzip folgen.
- Es gibt eine Warm-up-Phase, die meistens aber viel ausführlicher ist als in der Supervision, was der größeren persönlichen Nähe der Teilnehmenden geschuldet sein könnte bei gleichzeitig wenigen bis keinen Berührungspunkten außerhalb der Intervisionsgruppe, damit höherem Mitteilungsbedürfnis. Neben den beruflichen Entwicklungen und Ereignissen haben hier auch durchaus Berichte über private Erlebnisse einen Platz.
- Dem können sich Berichte anschließen über den Fortgang von der Gruppe schon bekannten »Fällen« oder allgemeine Fragestellungen.
- Es folgt die Sammlung der Anliegen mit eventuellem konsensuellem Ranking nach Dringlichkeit.
- Je nach Anzahl der eingebrachten Anliegen werden dann Reihenfolgen und Zeitfenster bestimmt. Sinnvoll ist es, Wichtiges zu

jedem Anliegen schriftlich zu protokollieren, wobei die Protokollführung günstigerweise nicht diejenige übernimmt, die das Anliegen hat.
- Den Kern der Sitzung bildet natürlich die Klärung der Anliegen mit Rückmeldungen der Anliegenspender*innen.
- Am Ende wird ein nächstes Treffen vereinbart. In manchen Intervisionsgruppen gibt es im Anschluss noch einen Freistilteil mit Weintrinken, Essengehen oder Ähnlichem.

Fallbesprechung und Anliegenklärung: Routenplaner Teil 2

Die Fallbesprechung kann variabel gehandhabt werden. Allgemein üblich ist ein Modell in Anlehnung an die Supervision mit professioneller Begleitung:
- Nachdem die Reihenfolge der Anliegen geklärt wurde, stellt die erste Kollegin ihren Fall vor, verbunden mit einem Anliegen. Nicht selten wird die Fallvorstellung auf eine bestimmte Zeit begrenzt.
- Es folgen eine oder mehrere Runden, in denen die Gruppenmitglieder Fragen zum Fall stellen können.
- In der nächsten Runde können Hypothesen gebildet werden, die ein vertieftes Verständnis der problematischen Interaktionen ermöglichen können.
- Die Anliegenspenderin entscheidet, ob eine oder mehrere Hypothesen brauchbar sein könnten.
- Entweder durch die anderen Gruppenmitglieder allein oder gemeinsam mit der Anliegenspenderin können dann auf dieser Basis Ideen entwickelt werden für die weitere Arbeit.
- Die Fallspenderin entscheidet, wann die Fragestellung befriedigend geklärt ist und gibt eine kurze Rückmeldung.

Bernd Schmid, Thorsten Veith und Ingeborg Weidner (2019, S. 16) legen ein 6-Phasen-Modell vor:
- Hier werden in der ersten Phase die Rollen vereinbart (Wer moderiert? Wer bringt einen Fall oder eine Frage ein?) und ein Zeitplan für die Sitzung wird erstellt.

- Es folgen die Vorstellung des Anliegens und die Formulierung einer oder zweier Fragen dazu.
- Im Anschluss wendet sich die Interviewerin mit systemischen Fragen an den Fallspender.
- Die Teilnehmenden bilden aus dem Gehörten Hypothesen.
- Der/die Fallspender*in prüft die Hypothesen in Bezug auf deren Nutzen für die weitere Arbeit am Fall.
- In der letzten Phase werden dem Fallspender durch die Gruppe Lösungsideen geschenkt.

Kim-Oliver Tietze (2016, 2017) stellt ein ähnliches Modell vor, davon ausgehend, dass alle Mitglieder der Intervisionsgruppe derselben Organisation angehören. Im Gegensatz zu Schmid, Veith und Weidner wird hier jedoch davon ausgegangen, dass sich unterschiedliche Anliegen mit unterschiedlichen Tools bearbeiten lassen, sodass die Wahl der Beratungsmethode hier eigens erwähnt wird:

- Den Beginn markiert eine sog. »Castingphase«, in der die Fälle gesammelt werden, die Reihenfolge festgelegt wird und auch Rollen verteilt werden (Wer moderiert, wer reflektiert?).
- Es folgt die Fallvorstellung durch die Falleinbringenden mit der Möglichkeit, dass die Gruppe Verständnisfragen stellt.
- Die Fokussierung des Beratungsanliegens und eine damit verbundene Fragestellung an die Gruppe werden als ein eigener Punkt beschrieben.
- Die Gruppe einigt sich schließlich auf eine gemeinsame Beratungsmethode, die zum Anliegen passt.
- Dann folgt der eigentliche Beratungsprozess entlang des gewählten Formats.
- Den Abschluss bilden das Resümee der Falleinbringerin und die Reflexion der Gruppe.

Eine größere Vielfalt an nicht textlastigen Formaten erlaubt das Vorgehen, das Johannes Herwig-Lempp (2016, S. 12) vorschlägt. Er geht vom Naheliegenden aus, nämlich das Handwerkszeug, das in der Beratung mit Klient*innen Verwendung findet, auch auf die kollegiale Beratung – hier »Teamberatung« genannt – anzuwenden. Das erweitert natürlich das Repertoire möglicher Besprechungsformate beträchtlich.

Einige in diesem Buch vorgestellte Methoden eignen sich nun in der Tat speziell für die Arbeit in der Intervisionsgruppe, weil ein Gegenüber hier wirklich einen Gewinn im Vergleich zur Arbeit mit sich allein darstellt. Dies sind alle Formate mit etwas umfangreicheren Anleitungen, die meist mehrere Schritte umfassen. Darunter fallen die meisten Formate der *Systemischen Strukturaufstellungen,* weil es hier ob ihrer Komplexität sehr hilfreich ist, wenn da jemand ist, der oder die mit ruhiger Hand und Stimme durch die Aufstellung führt. Ebenso die *Affektbilanz* und der *Talentkreis.*

Do it yourself: Gewinn und Grenzen der Selbstberatung

»Doing projects really gives people self-confidence. Nothing is better than taking the pie out of the oven.«
Martha Stewart (2017)

Die Überwindung des Zustands des Nichtkönnens: Triviale und komplexe Fragen

Wie in der Vorrede schon gesagt, boomt der Do-it-yourself-Bereich und hat Corona-bedingt nun sogar noch einen Extraschub erfahren. Was Sie – die Sie sich nun Techniken der Selbstberatung aneignen – aber von all den Maker*innen unterscheidet, ist, dass Sie in aller Regel schon eine gewisse Feldkompetenz besitzen, die sich die handwerkliche Do-it-yourself-Community oft erst noch aneignen muss. Wo Sie bereits Profi sind in Beratung, Therapie, Lehre und lediglich Wege erkunden wollen, um dieses Wissen auch auf sich selbst anzuwenden, starten jene oft an einem Punkt, an dem das Nichtwissen noch größer ist als das Wissen (Beispiele folgen).

Auch der Frame, der die Selbstberatung rahmt, ist primär sehr unterschiedlich von dem der Selbstmachenden. So nutzen Heimwerker, Hobbythek- und »Maker*innenbewegung Materialien und Wissen von Profis, um es, unter Umgehung von Verwertungsinteressen anderer, zu ihren Zwecken aufzubereiten. Damit einhergehen mag eine Form von Deprofessionalisierung, insofern Techniken und Werkzeuge angewandt werden, die nicht im Rahmen einer formalen Qualifikation erworben wurden.

Auf der anderen Seite, und das verbindet die Selbstberatung mit der Selbermacher*innenbewegung, stellt es auch eine Art Selbstaneignung von bis dato ausgelagerten Fähigkeiten dar. Der Selbstaneignung folgt die Selbstermächtigung, die die Überwindung eines Zustands des Nichtkönnens, des Sichfügens ins scheinbar Unveränderbare, von Ohnmacht und Ausgeliefertseins darstellt. Zu solcher Selbstermächtigung dürfen sich gern auch die Leser*innen und Anwender*innen dieses Buches eingeladen fühlen.

Da das Wissen im DIY-Bereich in aller Regel autodidaktisch erworben wird, bedarf es hierzu meist einer übersichtlichen Anleitung. Natürlich aber muss unterschieden werden: Fragen rund ums Heimwerken, Selbstmachen von Naturkosmetik oder um den Zusammenbau und die Montierung von Solaranlagen – kurz gesagt, wenn es darum geht, die Funktionsfähigkeit trivialer Systeme (wieder-)herzustellen – lassen sich in der Regel recht eindeutig formulieren und ebenso eindeutig beantworten. So konnte die Autorin angesichts des Problems, die Kette einer Kettensäge wieder schärfen zu müssen, um mit der Säge weiterarbeiten zu können, sich zahlreicher Tutorials im Internet bedienen, die alle klar, fokussiert und in nachvollziehbare Arbeitsschritte zerlegt zeigten, wie man eine Kette wieder schärft.

In Bereichen, in denen komplexe nichttriviale Systeme miteinander interagieren, ist jedoch die Fragestellung komplexer und dementsprechend auch die Palette möglicher Lösungen. So kann hier zwar eine Sammlung von Tools zur Verfügung gestellt werden für alle möglichen Aspekte von beruflichen Fragen, ob diese aber letztendlich auf die jeweilige individuelle Fragestellung passen, kann nur die Leserin, der Leser selbst entscheiden. So gesehen ist es mit dem Buch ein wenig wie mit »Deep Thought«, dem Supercomputer aus »Per Anhalter durch die Galaxis«, der zwar die Antwort kennt, nicht aber die Fragestellung[17], wobei hier die Kenntnis der Antwort und der zugehörigen Frage sich ausschließen, ja beide niemals im selben Universum gleichzeitig bekannt sein können. Nur Sie kennen die Fragen, mit denen Sie sich in Ihren Uni- und Multiversen aktuell befassen (müssen). Im Unterschied zu Deep Thought bestehen die (Wege zu den) Antworten, die hier zur Verfügung gestellt werden, leider nicht in einer einzigen zweistelligen Zahl, was eine enorme Abkürzung zur Erkenntnis darstellen würde, sondern in diesem eine zweistellige Zahl von Selbstberatungsformaten zur Verfügung stellenden Buch. Aber Sie haben ja auch nicht nach dem Sinn des Lebens gefragt und auch Ihr Handtuch nicht vergessen.

17 »I think the problem, to be quite honest with you, is that you've never actually known what the question is« (https://de.wikipedia.org/wiki/42 Antwort).

Wie viel Komplexitätsreduktion darf es sein?

Warum aber sollte frau/man sich etwas aneignen, in diesem Fall (Selbst-)Beratungskompetenz, was man normalerweise bei Profis einkauft – als eigenfinanzierter Reflexionsort im Rahmen selbstständiger Tätigkeit, als durch die jeweilige Arbeitsstelle zur Verfügung gestellt oder im Rahmen einer Aus- oder Weiterbildung als obligatorisches Mittel zur Sicherstellung der Qualität?

Und was sagt das über die Profession Supervision bzw. Coaching, wenn sich darauf doch möglicherweise verzichten ließe, wie sich auch auf den Klempner verzichten lässt, um eine Spülmaschine anzuschließen, hat man nur das passende YouTube-Tutorial dazu aufgerufen?

Do it yourself eben! Oder? Und: Ist es überhaupt erlaubt, den trivialen (Spül-)Maschinenvergleich anzuführen, wo es doch im Fall der (Selbst-)Beratung um das Verhalten von und Verhältnis zu nichttrivialen Maschinen geht?[18]

Eine Antwort im Fall der anzuschließenden Spülmaschine könnte sein: Super, wenn die Sache so einfach und unkompliziert gelagert ist, dass einem das YouTube-Video alles suffizient erklärt und durch die verschiedenen Arbeitsschritte geleitet, bis am Ende das Wasser durch den Traps in die Spülmaschine ganz ohne Leckage läuft und das Brauchwasser korrekt durch den Abfluss wieder eliminiert wird, ebenfalls ohne Leckage, versteht sich.

Soweit so gut. Was aber, wenn an irgendeinem Punkt der Ablaufkette etwas nicht klappt? Wasser läuft aus, Wasser läuft gar nicht, die Verbindungsstücke passen nicht zueinander, Rohre haben andere Querschnitte als vorausgesetzt, es wird plötzlich Material gebraucht, das nicht auf der Einkaufsliste stand etc.? Kurz gesagt, eine prinzipiell triviale Maschine bleibt zwar trivial, weil mindestens mittels »Reverse Engineering« der Fehler gefunden werden und die

18 Der Kybernetiker Heinz von Foerster unterscheidet zwischen trivialen und nichttrivialen Maschinen: Bei Ersteren gibt es einen direkten Zusammenhang zwischen Ein- und Ausgabe. Letztere, zu denen lebende Systeme gehören, können ihren internen Zustand verändern, sodass ein und derselbe Input zu unterschiedlichen Outputs führen kann, in Abhängigkeit vom Zustand, in dem sich das System gerade befindet (von Foerster, 1993, S. 357 ff.).

Kausalitätsbeziehungen für das Funktionieren wieder hergestellt werden können, aber die Sache wird komplexer.

Hier kommt dann das Prinzip des Do-it-yourself an seine Grenzen. Vermutlich rufen Sie jetzt einen Klempner an, der – hoffentlich – dank erfahrungsbasiertem Wissen, das auch umfangreiche Kenntnisse über die Abweichungen vom gewünschten Soll enthält, und weiterem Know-how, mithilfe welcher Tools man dann letztendlich doch den erstrebenswerten Zustand herbeiführt, nämlich, dass die Spülmaschine tut, was sie soll, also automatisch Geschirr waschen, Ihr Spülmaschinenproblem löst. Vielleicht beantwortet der Klempner, wenn er schon mal da ist, auch noch Fragen, die erst im Moment des Reparierens aufkommen, wie solche zur Wartung oder zur Fehlererkennung. So ähnlich dürfen Sie sich in der Tat auch die Nutzung dieses Buchs zur Selbstberatung vorstellen, ohne aber nur im Entferntesten davon auszugehen, dass es hier um Funktionsdefizite trivialer Maschinen geht.

Für Fallkonstellationen, die von Ihnen so eingestuft werden, dass ihre Komplexität für Sie überschaubar erscheint, bedienen Sie sich gern einer oder mehrerer der hier beschriebenen Formate.[19] Sollte sich Ihre Fragestellung an die Sache dann klären, Sie neue

---

19 Und ja, an dieser Stelle gehört auch die Frage beantwortet, warum denn nicht statt eines Buchs ein Internettutorial zu diesem Thema online geht. Der Hinweis auf die eigene, subjektiv eher negativ eingeschätzte Telegenität tut es – bei aller »Body Positivity« – allein nicht. Das Publikum, welches sich hoffentlich angesprochen fühlt, ist doch eher ein Fachpublikum, welches Informationen mehr aus Gedrucktem als aus Gestreamtem extrahiert. Zudem lässt sich mit dem Gedruckten die notwendigerweise zeitliche Linearität eines Vortrags/eines Videos aushebeln: Im Buch kann man/frau beliebig herumblättern und gezielt die Stelle aufsuchen, die von Interesse ist, was im Video eine Darbietung in kleinen, mit Überschriften versehenen Häppchen notwendig machen würde. Auch Metaphern wie »sich festlesen«, das Buch »verschlingen«, durch das Buch »pflügen« – alles von uns durchaus gern gesehen – lassen sich nicht so ohne Weiteres auf das Videoformat adaptieren, welches im McLuhan'schen Sinn ein »heißes« Medium ist, wohingegen das Buch/die Schrift »kalt« ist, was der/dem Lesenden eine vitalisierende, aktive Beteiligung abverlangt, um das Gelesene zu ergänzen, zu vervollständigen, sich anzuverwandeln. Das heiße Medium nach McLuhan (1964, S. 21–61) fördert eher keine sinnliche Eigenaktivitäten, da sein Detailreichtum mitunter schon hypnotisierend wirkt. Gleichwohl könnte dieses Buch eine Übergangsposition besetzen vom institutionalisier-

Ideen haben, wie Sie entweder weiter verfahren können oder welche Aspekte Ihnen nun noch bedenkenswert erscheinen, dann können Sie das Buch auch wieder weglegen.

Sollte dies nicht der Fall sein, legen Sie das Buch, mindestens für diese Fragestellung, bitte ebenfalls zur Seite und wenden Sie sich an eine Supervisorin/einen Coach Ihres Vertrauens oder stellen Sie den Fall in Ihrer Intervisionsgruppe vor, so Sie das Glück haben, über solch einen wunderbaren kollegialen Zusammenhang verfügen zu können (siehe Kapitel »Intervision und kollegiale Beratung: Mitreisende ins Boot holen«).

It takes two to tango (normalerweise)

Wenden Sie nun das Prinzip Supervision/Coaching auf sich selbst an, bringen Sie sich zunächst einmal in eine logische Zwickmühle, weil Sie die beiden Seiten der Unterscheidung in hier Supervisand*in/Coachee und dort Supervisorin*in/Coach*in erst einmal suspendieren müssen.

Möglicherweise, ja sogar wahrscheinlich, ist Ihnen das egal und wird auch sonst von niemandem moniert. Keineswegs müssen Sie sich hierfür in zwei Personen aufspalten, wenigstens nicht äußerlich. Da Sie nicht gleichzeitig Supervisand*in/Coachee bzw. Supervisorin*in/Coach*in sind, sondern nacheinander jeweils die eine und die andere Rolle einnehmen, müssen Sie nicht befürchten, psychotisch zu erkranken. Sie müssen auch keine blutigen Operationen an sich selbst durchführen, sondern nur eine kleine semantische und sich quasi selbst eine Reihe von So-tun-als-ob-Aufgaben geben. Dabei setzen Sie dann folgerichtig in Gedanken die Unterscheidung zwischen hier Supervisand*in/Coachee und dort Supervisor*in/Coach*in wieder ins Werk, wobei diese dann bei der Ausführung doch wieder verwischt werden wird.

Nun ist in der Tat kein*e Supervisor*in/keine Coach*in zugegen, die Sie bei den Tools anleitet. So sollten Sie sich bei einigen kom-

---

ten Setting Supervision/Coaching zur alltäglichen Psychohygiene, indem es Supervision/Coaching entmystifiziert und der Alltagspraxis (ich nehme mir ein Buch zur Hand, weil sich mir eine Fragestellung auftut) angliedert.

plexeren Formaten die Gebrauchsanweisungen sehr gut durchlesen, vielleicht auch mehrmals, oder die umfangreicheren Formate zunächst in die Peer- oder Intervisionsgruppe einbringen (siehe dort auch die Auflistung derjenigen Formate, die sich hierfür besonders gut eignen) und sich vielleicht zunächst an einfachen, überschaubaren Tools orientieren. Immer wieder hin- und herspringen zu müssen, die Imagination zu unterbrechen, weil nicht klar ist, was jetzt der nächste Schritt ist, frustriert und bremst Sie in Ihrem Flow.

Wenn Sie sich trotzdem verlaufen haben: Die Grenzen der Selbstberatung

Die Grenzen der Selbstberatung – verbunden mit der Empfehlung, wenn möglich, den Austausch mit Peers und/oder anderen Professionellen zu suchen – könnten dann erreicht sein,

- wenn es Ihnen nicht gelingen sollte, in Bezug auf Ihre Fragestellung eine Außenposition einzunehmen, wenn Sie also die Position der Kybernetik zweiter Ordnung, sich selbst als Beobachterin beim Tun zu beobachten, nicht realisieren können oder wenn Sie diese nur für kurze Momente einnehmen können und Sie sich immer wieder in einer Problemtrance wiederfinden;
- wenn die Beschäftigung mit der Fragestellung mittels Selbstsupervisionstools bei Ihnen keinen Handlungsimpuls auslöst, Sie keine neuen Anregungen gewinnen können, sich keine Unterschiede zeigen, die Unterschiede machen;
- wenn Sie sich gefangen in Grübelschleifen, Gedankenloopings, gleichbleibender Affektlage, innerer Erstarrung, innerer Aufgeregtheit wahrnehmen, kurz: in eher ungünstigen Gefühlszuständen, und Ihnen kein Moduswechsel mehr gelingt;
- wenn die für das eigene Tun so wichtige Selbstbestätigung, dass Sie mit Ihrer Sicht auf die Dinge auf einem richtigen Weg sind, ausbleibt;
- wenn Ihnen keine neuen Ideen mehr zu Ihrer Fragestellung kommen und Sie in kontinuierlicher Ratlosigkeit verharren.

Kurz gesagt, ein wenig ist es so wie beim oben angeführten Spülmaschinenbeispiel: Wenn die Dinge sich als komplexer erweisen als ursprünglich angenommen, zögern Sie bitte nicht, das Reflexionssetting der Komplexität anzupassen.

Ein schöner Ort: Ihr (Selbst-)Beratungsraum

»I think that people want to feel good in a space [...]
On the one hand it's about shelter, but it's also about pleasure.«
Zaha Hadid

Wenn Sie schon – aus welchen Gründen auch immer – keine professionelle Beratung in Anspruch nehmen (können), dann gestalten Sie eben Ihr Selbstberatungssetting maximal professionell. Das beginnt nicht erst bei den Beratungsformaten, sondern schon bei der konkreten Umgebung. Und dies ist keinesfalls ein trivialer Gedanke. Wir alle kennen Situationen, die maximal unangenehm waren und deren negative Wirkung noch gesteigert wurde durch die Umgebung. Und wiederum dürfte jede*r auch schon einmal die Erfahrung gemacht haben, dass etwas ziemlich Aversives etwas weniger aversiv wurde und besser aushaltbar, weil einige Umgebungsreize positive Effekte auf unser Befinden hatten. Und sei es nur die leise klassische Musik bei der Zahnärztin.

Dass man darüber hinaus mit konditionierten Reizen, insbesondere olfaktorischen, Kaufentscheidungen potenzieller Kund*innen steuern kann, hat die Werbepsychologie schon längst erkannt und flutet in der Vorweihnachtszeit die Kaufhäuser mit Zimt- und Plätzchendüften. Aber Riechen ist nicht per se böse, weil es von trickreichen Menschen eingesetzt wird, um Ihnen das Geld aus der Tasche zu ziehen. Auch wenn unser Geruchssinn im Vergleich zu dem von Hunden nicht einmal allzu gut ausgeprägt ist, so ist er doch der Sinn, der es am meisten vermag, Emotionen auszulösen. Er mäandert nämlich nicht erst in den Cortex oder den Thalamus wie die anderen Sinne, sondern rast direkt ins limbische System, wo die Amygdala prüft, ob hier etwas Angenehmes oder Unangenehmes kommt, und der Hippocampus überlegt, ob ihm das, was da rein will, irgendwie bekannt vorkommt – und dann grinst er entweder wohlig oder schüttelt sich vor Abscheu.

Und natürlich ist die Erzeugung wohligen Grinsens kein Alleinstellungsmerkmal ausgebuffter Werbefuzzis! Das können Sie auch und Sie sollten es tun, überall, wo Sie beraterisch unterwegs sind, mit anderen oder mit sich selbst!

Sorgen Sie also in der Beratungssituation mit sich selbst oder mit anderen dafür, dass Ihre Sinneskanäle sich freuen, mitsamt dem Restorganismus genau hier an diesen Ort geraten zu sein, wo es angenehm riecht, es möglicherweise auch ein geschmackszellen-erfreuendes Erlebnis wie das Getränk zum Kaffeegeruch gibt, der Geräuschpegel so ist, dass er das (Selbst-)Gespräch gut ermöglicht, und die visuellen Reize auf ein Maß gedimmt sind, die vom Gehirn noch als angenehm bewertet werden. Achten Sie darauf, dass Sie bequem sitzen und sich bei Bedarf auch bewegen können.

Auch der Raum ist Teil des Kontextes, ein sehr konkreter sogar, und da bei allen situativen Bewertungen ungefilterte Primäremotionen ein sehr viel rascheres Urteil fällen als der langsame Verstand, können Sie mit der ansprechenden Ausgestaltung Ihrer konkreten (Selbst-)Beratungsumgebung ziemlich einfach und ziemlich effektiv dafür sorgen, dass hier Freude und Neugier das Sagen haben und Schutz- und Fluchtreaktionen provozierende Gefühle wie Angst und Ärger nicht aktiviert werden müssen.

Hart am Wind und dazu ein dickes Fell: Von beruflichen Herausforderungen und einer guten Grundimmunisierung

»Die Arbeit, die tüchtige, intensive Arbeit, die einen ganz in Anspruch nimmt mit Hirn und Nerven, ist doch der größte Genuss im Leben.«
Rosa Luxemburg (1898/1984, S. 240)

Natürlich ist Rosa Luxemburg hier im Prinzip beizupflichten, aber wer hat schon immer so einen Lauf? Und wie kommt man da überhaupt hin? Was ist zu tun oder auch zu unterlassen, um mit einer gewissen Immunität halbwegs unbeschadet den Widrigkeiten des Berufslebens zu entkommen und Herausforderungen bestehen zu können? Wie kann ich mir ein dickes Fell wachsen lassen? Was macht immun gegen beruflichen Stress? Ist das Organigramm meiner Institution ein guter Reiseführer, und was mache ich, wenn ich in eine Sackgasse geraten bin?

Im Folgenden wird zunächst der Begriff der Resilienz auf seine Tauglichkeit hin befragt, als das Gegenteil von Burn-out zu figurieren, um dann prototypische berufliche Problemsituationen zu beschreiben, in denen erfahrungsgemäß der Bedarf an guter (Selbst-)Beratung ansteigt. Dem Burn-out-Begriff seine definitorische Unschärfe auszutreiben, ist schwierig, aber ihm den Nimbus des individuellen Scheiterns zu nehmen und das Leiden an der Arbeit als gesellschaftliches Problem einzuordnen, sollte möglich sein und wird im dann anschließenden Unterkapitel versucht.

Es folgt ein Exkurs zu den Funktionslogiken von komplexen Organisationen, dem sich dann noch Reflexionen anschließen zum Auflösen von schwierigen Situationen, die sich aus diesen Funktionslogiken ergeben können.

Sofern Sie das Buch nur aus höflichem Interesse lesen oder mal sehen wollen, ob einige der vorgestellten Formate sich auch für Ihre eigene berufliche Tätigkeit eignen, Sie ansonsten aber ganz zufrieden sind mit Ihrer beruflichen Situation, können Sie dieses Kapitel gern überspringen und gleich zum praktischen Teil, der sich daran anschließt, skippen.

Resilienz: Ein Bollwerk gegen beruflichen Stress?

»Resilience wants acquiescence, not resistance.«
Mark Neocleous (2013)

Wer von Burn-out spricht, sollte vom Gegenteil nicht schweigen.[20] Wie kommt es, dass das eine Subjekt beim Verrichten seiner Arbeit an dieser oder an deren Bedingungen erkrankt, ein anderes jedoch scheinbar viel belastbarer ist? Was macht das eine Subjekt so vulnerabel, dass es bestimmten Belastungen nicht mehr standhalten kann ohne gesundheitliche Einbußen, und das andere wiederum so widerstandsfähig, dass weder hundert Überstunden noch eine fiese Chefin es ausknocken kann?

Wie tauglich ist der Begriff »Resilienz«, um ihn als das Gegenteil von Burn-out dienstbar zu machen für diese Diskussion?[21] Besser gesagt, wie tauglich sind die Praktiken, die sich mit diesem Begriff verbinden, und gibt es vielleicht andere, alternative Praktiken, unter einer anderen begrifflichen Flagge segelnd, aber gut dienstbar zu machen als Strategien, um Burn-out zu vermeiden? Resilienz ist ein – schillernder – Begriff, der der Werkstoffwissenschaft entlehnt ist und ursprünglich die Fähigkeit von Materialien bezeichnet, nach einer Beanspruchung wieder ihre ursprüngliche Form anzunehmen. Auf den psychischen Bereich übertragen, meint Resilienz Belastbarkeit und innere Stärke und damit die Fähigkeit, ungünstige Situationen und besondere Belastungen gut zu bewältigen.

---

20 Und, so sollte ergänzt werden, wer hochmetaphorisch aufgeladene Begriffe wie »Burn-out« und »Resilienz« ins Spiel bringt, sollte ein wenig Sorgfalt darauf verwenden, ihre Passung in Bezug auf das Thema zu hinterfragen, auch wenn das dem einen oder der anderen jetzt etwas zu theorielastig erscheinen mag.

21 »Wie Ärzte gesund bleiben – Resilienz statt Burnout« nennt Julika Zwack ihren Ratgeber für Ärzt*innen (Zwack, 2012). Das scheint insofern problematisch, als hier rein individuumzentriert Ideen für das Agieren in einem an strukturellen Schwachstellen überreichen System entwickelt werden.

Emmy Werner und Ruth Smith – die in der berühmten Kauai-Studie 698 Kinder, nämlich den gesamten Geburtsjahrgang 1955, der Insel Kauai untersuchten und feststellten, dass sich ein Drittel trotz äußerst ungünstiger Umstände gut entwickelte – machten darauf aufmerksam, dass Resilienz sich im Laufe der Jahre verändert, die Bewältigungsreserven älterer Menschen noch unerforscht seien und je nach Kontext und Kultur verschiedene Faktoren als Resilienzfaktoren gelten können (Werner, 2006, S. 28 ff).

Eine Operationalisierung des Begriffs ist, obschon er seit Jahrzehnten in Gebrauch ist, bis dato nicht zufriedenstellend gelungen. Je nach Definition werden einmal 4, dann wieder 6, oder auch 10 oder 11 Faktoren (bei Emmy Werner sind es noch 13) – die allermeisten individuumzentriert – angeführt, die in summa Resilienz beschreiben.[22] Thomas Gabriel warnt zudem davon, dass mit dem Begriff der Resilienz der uralte, neoliberale, amerikanische Traum revitalisiert werden könne, dass nämlich man/frau bei gutem Willen und mit genügend Resilienz ausgestattet, alles schaffen könne. Resilienz als Basis eines individuellen Glücksversprechens also, jenseits konkreter Kontextbedingungen. Damit wäre Resilienz eine ihrer sozialen Rahmenbedingungen entkleidete, mystifizierende perso-

---

22 Corina Wustmanns (2005) Resilienzkonzept umfasst z. B. *zehn* Faktoren: 1. Problemlösefähigkeiten, 2. Selbstwirksamkeitsüberzeugungen, 3. positives Selbstkonzept, 4. Fähigkeit zur Selbstregulation, 5. internale Kontrollüberzeugung/realistischer Attribuierungsstil, 6. hohe Sozialkompetenz: Empathie/Kooperations- und Kontaktfähigkeit/Soziale Perspektivenübernahme/Verantwortungsübernahme, 7. Aktives und flexibles Bewältigungsverhalten (z. B. die Fähigkeit, soziale Unterstützung zu mobilisieren, Entspannungsfähigkeiten), 8. Sicheres Bindungsverhalten (Explorationslust), 9. Optimistische, zuversichtliche Lebenseinstellung (Kohärenzgefühl), 10. Talente, Interessen und Hobbys. Klaus Fröhlich-Gildhoff und Maike Rönnau-Böse (2019) beschreiben *sechs* Resilienzfaktoren, nämlich 1. Selbstwahrnehmung, 2. Selbststeuerungsfähigkeit, 3. Selbstwirksamkeitsüberzeugungen, 4. soziale Kompetenzen, 5. angemessener Umgang mit Stress, 6. Problemlösekompetenzen. Über die Aufzählung individueller Kompetenzen hinaus und damit näher am Modell von Werner und Smith führen Bengel und Lyssenko (2012) *elf* Resilienzfaktoren auf, von denen der 11. Faktor »soziale Unterstützung« ist, womit darauf hingewiesen wird, dass mitunter auch Glück und Zufall und zur richtigen Zeit auf die richtigen Menschen zu treffen, eine wichtige Quelle von Resilienz ist.

nale Eigenschaft oder aber eine biogenetische Disposition (Gabriel, 2005, S. 215).

Unklar ist auch, inwieweit das Resilienzkonzept über die Lebensspanne trägt. Eigene Erfahrungen in der Beratung mit Menschen der Geburtsjahrgänge um 1955 gehen eher dahin, dass diese – häufig Frauen – viele Jahre und Jahrzehnte extrem ungünstige Lebensbedingungen im sozialen Nahbereich absorbieren konnten und dann häufig am Ende des Berufslebens ein »Tippingpoint« erreicht wurde, wo eine einzige ungünstige Kontextveränderung wie Trennung, Arbeitsplatzkonflikt, schwere Erkrankung eines Angehörigen genügte, um ein offensichtlich lange fragil stabiles System zum Kollabieren zu bringen, was sich dann als schwerer, lang andauernde psychischer Zusammenbruch äußerte.

Vergessen wir dabei auch nicht, dass Emmy Werner seinerzeit die Entwicklungsverläufe von Kindern untersucht hat. Eine Adaption auf berufliche Sorgen Erwachsener unter Verwendung etlicher anderer Resilienzfaktoren, als jenen von Werner und Smith herausgearbeiteten, scheint damit begründungswürdig.

»Resilienz dient als übergreifende Chiffre für einen Umgang mit Risiken, Gefährdungslagen und unkalkulierbaren Ereignissen disruptiven Wandels, der weniger auf vorbeugende Verhinderung ihres Eintretens als auf die Befähigung abzielt, sich auf sie einzustellen und ihre Auswirkungen zu bewältigen«, so Ulrich Bröckling (2017, S. 2). Weiter heißt es: »Resilient ist, wer die eigene Vulnerabilität gegenüber Bedrohungen, Unrecht und Verlusten als zeitgenössische *condition humaine* akzeptiert und das Beste daraus zu machen versucht« (S. 21). Das resiliente Selbst befindet sich also ständig in der Antizipation eines wann und wie auch immer eintretenden Ernstfalls, für den es präpariert sein sollte, indem es sich mit ganz bestimmten, die Bewältigungen dieses Ernstfalls erleichternden Praktiken oder Eigenschaften zu imprägnieren hat. Dem Ernstfall den Rücken zu kehren und zu sagen: »Mit mir nicht!«, damit ein politisches anstelle eines persönlich-personalen Statements zu geben, ist nicht nur nicht vorgesehen, sondern stellt das Gegenteil von Resilienz dar, nämlich Widerstand.

Noch schärfer geht Mark Neocleous mit dem Begriff ins Gericht, wenn er ätzt, dass Resilienz das Subjekt fit machen soll, um mit den

Widrigkeiten des Kapitalismus genauso wie mit dem brüchiger werdenden Sicherheitsversprechen des Staates zurechtkommen zu können (Neocleous, 2013).

Somit scheint sich mit Blick auf die im Folgenden angerissene Burn-out-Problematik das Resilienzkonzept nur bedingt zu eignen, um es im Burn-out-Diskurs als das rettende andere Ufer in Aussicht zu stellen. Solange Resilienz verengt ist auf ein Bündel überwiegend personaler Eigenschaften, die frau/man entweder hat und damit fit genug ist, um mit den Widrigkeiten des Lebens zurechtzukommen, oder die man erwerben kann und sollte, um diese Aufgabe künftig zu bewältigen, solange liegt es ja dann auch in der individuellen Verantwortung des jeweiligen Subjekts, sich erfolgreich innerhalb verschieden widriger Umwelten zu behaupten. Damit geht alle Verantwortung vom Individuum aus, das scheinbar immer gleich resilient mit welchen Kontexten auch immer sich arrangieren kann.

Dass es Umwelten gibt, die soziale, intellektuelle und ökonomische Todeszonen für den Menschen darstellen, wird hier ausgeblendet. Auch, dass es Lebenslagen gibt, in denen Negatives so sehr kumuliert, dass alle Resilienz nicht verhindert, dass jemand morgens nicht mehr das Bett verlassen kann, ist hier nicht mitgedacht.

Nehmen wir aber noch einmal einen Anlauf und befragen den Prototypen, das von Emmy Werner beschriebene Resilienzkonzept mit den von ihr genannten schützenden Faktoren (Hildenbrand, 2006, S. 22). Diese lassen sich in vier Kategorien einteilen: persönliche, familiäre, spirituelle und Faktoren des sozialen Nahbereichs. Damit wird schon klarer, dass Resilienz keine persönliche Eigenschaft ist, sondern ein Zustand, der durch eine bestimmte Konstellation erst erzeugt wird. Wenn aber niemand allein aus sich heraus resilient ist, dann bestimmt in einem hohen Maß der Kontext der Arbeit, wie resilient eine Person im Arbeitsalltag sein kann. Die anderen drei Kategorien haben als weitere Variablen natürlich Einfluss auf die Emergenz von Resilienz, und so können auch interindividuelle Unterschiede bei der Bewältigung von beruflichem Stress erklärt werden. Mit anderen Worten: Das sonnigste Gemüt wird sich irgendwann verdunkeln, wenn Arbeitsaufgaben nicht klar kommuniziert werden, wenn Prozesse unzureichend beschrieben sind, wenn negative kollegiale Interaktionen kumulieren. Und die Verdunklung wird vermutlich länger andauernd sein und der Weg ins Helle beschwerlicher, wenn protektive Faktoren aus den anderen Kategorien nicht abrufbar sind.

Aus der formallogischen Perspektive ist das Resilienzkonzept damit quasi erledigt, wenn nämlich das Ziel, hier Minimierung von Arbeitsstress, gleichzeitig seine Voraussetzung ist. Ist Rettung möglich und wenn ja, auch notwendig? Macht es Sinn, den Begriff der Resilienz dem Burn-out gegenüberzustellen oder gibt es bessere Konzepte? Letzteres scheint eher nicht der Fall zu sein: Mit dem gleichfalls nicht gut operationalisierten Salutogenesebegriff (Antonovsky, 1997) handelt man/frau sich ähnliche Probleme ein, und der Begriff des »Widerstands« beschreibt eine ausschließlich politische Verhaltenskategorie und unterschlägt andere gleichzeitig mögliche Handlungsoptionen.

Zu finden wäre eine Bezeichnung und damit eine Aktivität, die oszilliert zwischen der fast ausschließlich auf eher personal-persönliche Imprägnierung zielenden Resilienz und dem eigentlich nahezu nur politisch verwandten Begriff des Widerstands. Es geht ja um beides: um eigene innere Stärke und um die Schärfung des Blickes für nicht Hinnehmbares und die Energie, dieses zu verändern.

Für ein aktives konstruktives Handeln im Nichteinverständnis mit dem Gegenwärtigen könnte da ein gegenüber der Bezeichnung »Widerstand« um Nuancen verschobener Begriff, nämlich der der »Widerständigkeit«[23], sich eignen. Diesem wohnt, anders als dem »Widerstand«, der eher mit offener Auseinandersetzung konnotiert ist, etwas Subversives und weniger Konfrontatives inne, ist eher mit Renitenz denn mit »Resistance« verbunden.

Widerständigkeit wäre dann, aus der eigenen inneren Stärke heraus etwas nicht zu tun, weil frau/man sich aktiv dazu entschieden hat. Widerständig wäre, etwas gezielt zu unterlassen, weil es als schädlich,

23 Bedauerlicherweise kann hier die an Wörtern nicht arme englische Sprache diese begrifflichen Differenzen zwischen Widerstand und Widerständigkeit nicht abbilden, hier müssen beide Begriffe mit »resistance« bezeichnet werden.

ungeeignet, dysfunktional etc. bewertet wird – und dies in Kenntnis möglicher sozialer und auch arbeitsrechtlicher Konsequenzen. Widerständig in diesem Sinn ist, stattdessen etwas anderes zu tun auf der Basis eigener Entscheidungsfindung.[24]

Einen weiteren Ausweg eröffnet Tom Levold, der über den Begriff der Resilienz, der ja selbst schon eine Metapher ist, als Metaphernfundus nachdenkt (Levold, 2006, S. 230 ff.). Levold folgt Karl-Otto Hondrich, wenn er sagt, dass nur Begriffe mit einer Erlösungskomponente wirklich populär und verallgemeinerungsfähig wären (Levold, 2007, S. 3). Hier heißt es: »Sie müssen für unterschiedliche theoretische und praktische Bedürfnisse anschlussfähig sein und gleichzeitig die Möglichkeit eines grundlegenden Wandels und neuer Sinnstiftung verheißen, um massenwirksam zu werden zu können.« Das trifft zweifellos für den Resilienzbegriff – und übrigens auch für die Burn-out-Metapher – zu. Damit lässt sich die relativ hohe Ambiguität des Terminus »Resilienz« nutzbar machen für erweiterte Verwendungen jenseits persönlicher angeborener oder erworbener Eigenschaften. Insbesondere damit verbundene Wegemetaphern, Kampfmetaphern und Netzwerkmetaphern könnten den Fokus erweitern und dem Begriff wieder, jenseits der personalen Verwendung, neuen sozialen und möglicherweise sogar politischen Atem einhauchen.

24 Aus der Hochzeit der Coronakrise sind wohl allen Beispiele dafür bekannt: der Blumenladen, der sich noch Obst- und Gemüsekisten hinstellt, um geöffnet bleiben zu können; die underground im Hausbesuch Haare schneidende Friseurin; der Buchhändler, der durch die offene Ladentür Zeitungen verkauft, um auf sein Kerngeschäft, die Bücher, aufmerksam zu machen, die er dann nach Bestellung ausliefert; etc.

Zwischen Oblomow und Hamsterrad: Vom Sinn der Arbeit

»aber auch diese ewige wachstumslogik,
die man irgendwann gegen sich selbst anwendet.«
Kathrin Röggla (2004, S. 38)

Möglicherweise erleben Sie sich aktuell, bedingt durch gerade ziemlich schwierige »Fälle« bei möglicher Abwesenheit erfahrener, Ihnen sonst hilfreich zur Seite stehender Kolleg*innen, in einer unangenehmen beruflichen Schieflage, vielleicht werden Ihre derzeitigen Irritationen aber auch mehr durch strukturelle Imbalancen ausgelöst.

Oder Sie stellen fest, dass Sie jetzt gehäuft mehr und mehr ungünstige Gefühle bei sich registrieren wie Ärger (über Klient*innen, Kund*innen, die einfach nichts umsetzen können oder wollen, über Kolleg*innen, von denen Sie sich unfreundlich behandelt fühlen), Neid (auf Kolleg*innen, die gerade einen besseren Lauf haben), Angst und Sorge (den eigenen Ansprüchen oder denen der Institution, der Kund*innen, der Kolleg*innen oder der Vorgesetzten nicht mehr gerecht werden zu können).

Vielleicht irritiert es Sie auch, dass gerade Sie sich aktuell ziemlich schlecht fühlen und Kolleg*innen, die doch in ähnlichen Konstellationen stecken, eher nicht. Vielleicht denken Sie auch schon ganz konkret über einen Aus- oder Umstieg nach, aber es fehlt noch der letzte Kick.

Fühlen Sie sich hiermit eingeladen, auf Ihre konkrete berufliche Situation mit etwas Abstand zu blicken. Was sehen Sie, wenn Sie das Zoom abschrauben und mit einem Weitwinkelobjektiv aus einer etwas größeren Entfernung auf Ihre berufliche Situation blicken? Sind es gehäuft schwierige Fallkonstellationen oder problematische Beziehungen zu Kolleginnen, Vorgesetzten, Teammitgliedern, singuläre kritische Ereignisse oder sogar ein alle Bereiche Ihres Berufslebens einschließendes, grundsätzliches Nichteinverständnis mit dem, was Sie gerade beruflich machen? Ist Ihr beruflicher Ruhepuls bedrohlich hoch angestiegen, sodass Sie entweder denken, Ihr Leben bestehe nur noch aus dieser Arbeit, oder aber ist er so sehr abgesunken, dass Sie mehr und mehr das Gefühl haben, diese Arbeit habe mit Ihnen nicht mehr viel zu tun? Geht es Ihnen wie Oblomow, dem berühmten russigen Adligen, der mit der geringst möglichen Anstrengung das, was zu tun wäre, auf den nächsten Tag verschiebt?

Müssen Sie beim Blick durch den Sucher womöglich feststellen, sich im Dickicht Ihrer Organisation verfranst zu haben, gefesselt durch nicht nachvollziehbare Konzernvorgaben oder irritierende Arbeitsanweisungen von Vorgesetzten, und alles, was Sie noch sehen, sind Regalmeter von QM-Aktenordnern und vorwurfsvolle Mitarbeiteraugen?

Die folgenden Seiten könnten Ihnen möglicherweise dabei helfen, Auswege statt Holzwege zu beschreiten und beruflich wieder Gelände zu gewinnen.

Im Folgenden sollen zunächst einige prototypische Situationen umrissen werden, in denen es regelhaft zu einem Mismatching zwischen Mensch und Arbeit kommt. Das ist z. B. der Fall, wenn sich das eigene innere Verhältnis zur Arbeit – wodurch auch immer getriggert – verändert, wenn persönliche Kränkungserfahrungen die Arbeit belasten oder wenn organisationsinterne Veränderungen die innere und äußere Flexibilität auf die Probe stellen.

Im Weiteren wird dann der schillernde Burn-out-Begriff befragt, ob er als eine bedeutsame kulturelle Leitmetapher des beginnenden 21. Jahrhunderts, der den an der Arbeit leidenden Subjekten Obdach gewährt, in stürmischen Zeiten auch in der Lage ist, Navigationshilfe zu leisten für den Weg zu einem gut ausbalancierten Verhältnis von Mensch und Arbeit.

Folgerichtig muss dann, wenn der Fokus vorher auf der Seite des arbeitenden Individuums lag, auch die organisationale Seite betrachtet werden. Basierend auf der Luhmann'schen Systemtheorie (Luhmann, 2016; Simon, 2009) werden die Funktionslogiken von Organisationen dargestellt und, mit Berufung auf Bernd Schmid (2008) sowie Julika Zwack und Ulrike Bossmann (2017), sich daraus ergebende Dilemmata für den Einzelnen beschrieben.

Gefühlte Unlust: Veränderung des inneren Verhältnisses zur Arbeit

Wenn der Beruf den Platz wechselt in der Hierarchie der alltäglichen Verrichtungen, Aufgaben, Bedürfnisse, verändert sich meistens auch das Selbstverhältnis dazu: Gut zu arbeiten oder sogar maximal gut zu arbeiten, wird weniger wichtig, als Zeit zu haben für sich selbst, Zeit mit der Familie und oder mit Freund*innen zu verbringen, sich einer Lieblingsbeschäftigung zu widmen etc.

Möglicherweise geht das, was sich auf der kognitiven Ebene abspielt, im Dialog mit sich selbst (»Eigentlich ist es mir schon länger zu viel, eigentlich habe ich schon seit einiger Zeit keine Lust mehr, jeden Tag fünf Aufnahmegespräche zu führen. Überhaupt, warum muss immer ich diese Gespräche führen?«) einher mit einer emotionalen Veränderung in Form von Lustlosigkeit, diffusem Ärgergefühl, einer Armut an Ideen, fehlendem Elan und eventuell auch mit auf der Körperebene wahrnehmbaren Resonanzen, die sich als wahres Metaphernfeuerwerk ausnehmen, wie z. B. ein Schweregefühl erleben, an Magendrücken leiden, einen Wattekopf haben, sich im Nebel fühlen, Herzrasen verspüren, um Luft ringen müssen.

Damit ist die Frage noch nicht beantwortet, ob es die Arbeit an sich ist oder diese spezielle Arbeit. Es könnten auch die Verhältnisse nicht mehr stimmig sein zwischen der Arbeit und den anderen Bereichen des Lebens und in eine zeitliche oder energetische Schieflage geraten sein.

Kritik von außen: Es kommt immer auf das Wie an

Manchmal sind die Anlässe kleiner, die Wirkung aber genauso groß. Kritik und Beschwerden – von außen direkt an eine Person herangetragen oder über eine übergeordnete Hierarchieebene adressiert, schlimmer noch über organisationsinternen Gossip – werden in der hierzulande noch weit verbreiteten fehlerbezogenen Rückmeldekultur, allen anderen Bekenntnissen zum Trotz, der Kritisierten als persönliches Versagen angelastet und dann häufig als ebendas intern attribuiert. Wir sind, was eine fehlerfreundliche Lern- und Rückmeldekultur im Arbeitsleben betrifft, wirklich erst am Anfang eines Weges.

Natürlich könnten kritische Rückmeldungen ein wesentlicher Beitrag von außen sein, Arbeitsabläufe nachzujustieren, Mitarbeitende zu befragen, was es braucht, um die Ergebnisse zu verbessern, am Teamklima zu arbeiten, kurz gesagt, die Rückmeldungen, anstatt sie zu individualisieren, als Aufschlag zu begreifen, sich mit gemeinsamer Energie der künftigen Aufgabe zu widmen.

Wird allerdings durch die von außen herangetragene Kritik bei dem Kritisierten Scham induziert, so wird sich vermutlich kein produktiver Austausch über künftige Aufgaben ergeben. Vielmehr fungiert Scham als hochdynamisches Beziehungsregulativ sowohl in der Beziehung zu sich selbst – indem die beschämte Person sich selbst als wertlos erlebt – wie auch in den Beziehungen zu anderen, wo Scham (Selbst-)Exklusion organisiert, weil die Erwartungen, die andere an die solchermaßen beschämte Person richten, nicht erfüllt werden (konnten) (Weinblatt, 2016).

Arist von Schlippe erwähnt im Vorwort zu Uri Weinblatts Buch über Scham den amerikanischen Paartherapeuten John Gottman, der die Paarbeziehung destruierende Mechanismen beschreibt, die er die »fünf apokalyptischen Reiter« nennt: Kritik, Abwehr mit Rechtfertigung und Verleugnung der eigenen Anteile, sich einmauern, Verachtung und Geringschätzung des Gegenübers (Weinblatt, 2016, S. 7 f.).

Unschwer lassen sich diese aus der Scham entspringenden und die Scham auch gleichzeitig regulierenden Mechanismen – die meines Erachtens weniger nebeneinander denn konsekutiv als Circulus vitiosus sich zeigen in schwierigen Beziehungen – über die Paardynamik hinaus auf zwischenmenschliche Beziehungen allgemein anwenden.

So auch in einer fehlerunfreundlichen Rückmeldekultur, in der negativen Rückmeldungen ein hoher Stellenwert zukommt und diese primär den Mitarbeitenden attribuiert werden und damit wesentliche Kontextfaktoren wie Arbeitsorganisation, Qualifikation, Führungsverhalten, Teamkultur keine Berücksichtigung finden.

In Organisationen hingegen, wo der Satz von James Joyce, dass Fehler das Tor zu neuen Entdeckungen seien, eine ernst zu nehmende Einladung an die Belegschaft darstellt, das sich daraus ergebende Lernpotenzial abzuschöpfen, dürften Scham und Angst vor Kritik eine eher geringe Rolle spielen.

Organisationsinterne Veränderungen: Passungen erhalten und neu herstellen

Zahlreiche Organisationen im Gesundheits- und sozialen Sektor gehören mittlerweile zu großen Unternehmen/Konzernen und funktionieren auch nach deren profitorientierter Logik.[25] So werden defizitär wirtschaftende Teile der Organisation, auch »Geschäftsfelder« genannt, früher oder später, wenn alle Versuche, sie profitabler zu gestalten, gescheitert sind, »abgestoßen« bzw. aufgegeben, Führungskräfte, die nicht entsprechend den Zielvereinbarungen Ergebnisse generieren, werden ausgetauscht und Veränderungen, die aus der Logik der Organisation heraus unumgänglich sind, um weiter profitabel auf dem Markt mitspielen zu können, ziemlich zügig ins Werk gesetzt. Möglicherweise werden Stellen abgebaut, Mitarbeitenden wird angeboten, gegen Abfindung auszuscheiden oder umgesetzt zu werden, Abteilungen, Stationen werden zusammengelegt, Geschäftsbereiche werden aufgegeben oder ausgelagert, neue entstehen, Arbeitsprozesse werden umgebaut, Hierarchien verändert.

Dem entgegen steht ein normatives Verständnis von Arbeit, welches eng mit Begriffen wie Status, Identität, Zugehörigkeit, Selbstwirksamkeit verknüpft ist.

Ändert sich die Art der Arbeit infolge innerorganisationaler Veränderungen, sieht sich der »flexible Mensch« (Sennett, 2006) aufgefordert, sich neu ins Verhältnis zu seiner nunmehr veränderten Arbeit zu setzen. Ob und wie das gelingt, hängt von vielen verschiedenen Faktoren und Umständen ab:

Auf der personalen Ebene fällt dies sicher jenen Menschen leichter, die von jeher ein eher entspanntes Verhältnis zu Wechsel, Wandel, Umbrüchen pflegen und in Veränderungen in erster Linie Chancen und Möglichkeiten sehen. Solche, die sich ohnehin im Besitz der dafür benötigten Kompetenzen wissen oder sich freuen, sich diese anzueignen, reüssieren hier besser als jene, denen jede Fort- und

25 Siehe hierzu auch das Unterkapitel »Blick in den Maschinenraum« im Kapitel »Grundimmunisierung«.

Weiterbildung, die sie sich nicht selbst ausgesucht haben, subjektiv das Maß der Fremdbestimmtheit am Arbeitsplatz erhöht.

Statusproblematiken, die sich häufig aus der Verschiebung von Hierarchieebenen oder dem Wechsel des Arbeitsfeldes ergeben, tragen ebenfalls dazu bei, dass Mensch und Arbeitsplatz nicht zur Passung kommen. Hinzu kommt, dass Outsourcing und Umstrukturierung für nicht wenige auch Gehaltseinbußen bedeuten. Auf der organisationalen Ebene sollte dafür gesorgt sein, dass Menschen ihren Fähigkeiten und Qualifikationen entsprechend eingesetzt werden bzw. Zusatz- und Weiterqualifikation ermöglicht werden, sodass dauerhafte Über- oder Unterforderung in Bezug auf Qualifikation und Kompetenz vermieden wird. Ebenso sollte die Arbeit in der dafür zur Verfügung stehenden Zeit erledigt werden können.

Dass Vertrauen gut ist und Kontrolle nicht besser, ist allseits bekannt und dass Ziele und Erwartungen klar kommuniziert werden müssen, ebenfalls.

Als »Formen psychisch belastender Arbeitssituationen« listet Stephan Voswinkel (2017, S. 65 ff.) u. a. folgende auf: solche, die verhindern, dass Menschen sich Arbeit aneignen[26] – wie sinnlose Arbeit, moralische Konflikte, Missachtungserfahrungen und Gratifikationskrisen[27] –, unterwertige Beschäftigung und Statusprobleme, unklare Anforderungen, defizitäre Führung, zu viel Kontrolle. Als weiteren Punkt nennt er erschwerte Abgrenzung infolge entgrenzter Arbeit; Arbeit, deren Narrativ mindestens implizit mit »Aufopferung« konnotiert ist, wie das z. B. in Pflegeberufen der Fall ist mit ihrer Nähe zu Leid und Tod. Das wirft wiederum die Frage auf, was gelingende Abgrenzung konkret sein könnte, wenn sie möglicherweise auch mit Desidentifizierung, fehlender Aneignung, Verlust von Empathie ein-

---

26 Was genau Voswinkel unter dem sozialphilosophisch-marxistischen Begriff »Aneignung« versteht, wird nicht ganz deutlich, er umschreibt ihn mit »freier Wahlhandlung« und stellt dieser als das Gegenteil die »Entfremdung von der Arbeit« gegenüber (S. 67). Übersetzt könnte »Aneignung«, wie sie hier gemeint ist, bedeuten, sich mit etwas zu identifizieren, weil die eigenen Werte darin repräsentiert sind.

27 Dieser Terminus wurde von Johannes Siegrist geprägt als Imbalance zwischen beruflichem Input und Output, zwischen erbrachter Leistung und fehlender Anerkennung dafür (Sigrist, 2009).

hergeht. Möglicherweise sind hier andere Begriffe, die wiederum andere Handlungen aufrufen, brauchbarer. Zuletzt werden noch Überlastungssituationen aufgrund von Personalmangel und daraus resultierender dysfunktionaler organisationaler Entscheidungen und Arbeitsplatzängste aufgeführt.

Jeder Zeit ihre Krankheit: Zum Begriff des Burn-out

»Ich tausch nicht mehr, ich will mein Leben zurück. Guten Tag, ich will mein Leben zurück.«
Judith Holofernes (2003)

Will man das Burn-out-Feld bespielen, betritt man/frau ein Begriffs- und Kompetenzdickicht, das schwer zu lichten, allenfalls zu beschreiben ist. So existieren zig Burn-out-Definitionen mit etwa insgesamt 160 Symptomen, die dem Konzept »Burn-out« zugeordnet werden.[28]

Die Deutsche Gesellschaft für Psychiatrie, Psychotherapie und Nervenheilkunde, kurz DGPPN, in der ca. 10.000 Psychiater und Psychotherapeutinnen Mitglied sind, hat nach langem Ringen 2012 folgende Definition erarbeitet: »Hält ein solcher Zustand [die Arbeitsüberforderung] jedoch längere Zeit, d. h. mehrere Wochen bis Monate, an, ist ein Ende nicht absehbar und führen kurze Erholungsphasen, etwa an Wochenenden, nicht zu einer Rückbildung von Erschöpfung, vegetativer Symptomatik, Leistungsminderung sowie der kritischen Distanz zur Arbeit, sollte von einem Burnout gesprochen werden. Subjektiv erlebte Arbeitsüberforderung kann ein breites Spektrum von Ursachen […] umfassen: Arbeitsplatzbezogene Faktoren sind z. B. real unbewältigbarer Arbeitsanfall, mangelnde Anerkennung durch Vorgesetzte, fehlende Abgrenzung zum Privatleben. Individuelle Faktoren sind z. B. ein stark überhöhter Anspruch, mangelnde Erholungsphasen, Perfektionismus oder mangelnde Qualifikation. Hierbei bedeutsam ist die jeweils individuelle Passung beider Aspekte. Allgemein gültige Schwellenwerte gibt es folglich nicht« (DGPPN, 2012, S. 4 f.). Weiter heißt es hier: »Erschöpfungsgefühle

28 Vgl. hierzu das leider auch schon etwas in die Jahre gekommene »Positionspapier der DGPPN zu Burnout«: http://www2.psychotherapeutenkammer-berlin.de/uploads/stellungnahme_dgppn_2012.pdf (30.12.2019).

und andere gesundheitliche Burnout-Beschwerden, die zusammen mit einem überdauernden Gefühl der Überforderung durch Arbeit auftreten, bedeuten noch nicht das Vorliegen einer Krankheit nach der ICD-10. […] Dabei kann Burnout einen Risikozustand für eine spätere psychische oder körperliche Erkrankung darstellen […]. In diesen Fällen geht das Burnout-Erleben den späteren Erkrankungen zeitlich voraus« (S. 5).

Ähnlich definiert der renommierte Burn-out-Forscher Johannes Siegrist das Konzept »Burn-out«, nämlich als »Kritisches Stadium einer – meist beruflichen – Verausgabungskarriere bei bisher leistungsfähigen Personen, das durch einen Zustand intensiver psychophysischer Erschöpfung und aus ihr resultierender Beeinträchtigungen gekennzeichnet ist« (Sigrist, 2012). »Meist beruflich« meint hier offenbar, dass auch Menschen, die unbezahlte (Care-)Arbeit leisten, oder – was noch häufiger vorkommt – solche, die sowohl bezahlte (als Altenpflegerinnen, Sozialarbeiter etc.) als auch zusätzlich im familiären Nahbereich unbezahlte Care-Arbeit leisten, zumeist Frauen, an einem Burn-out-Syndrom leiden können.

Halten wir hier so viel fest: Jenseits der Tatsache, dass Burn-out keine gültige ICD-10-Diagnose ist, ist es alles das, was einer der vielen Burn-out-Fragebögen misst und wohl noch einiges darüber hinaus. In jedem Fall steht Burn-out für die chronische Dysbalance zwischen Arbeit und Erholung in einer hochverdichteten Arbeitswelt.

Als schillernder Begriff ist er eher ungeeignet, diskursive Eindeutigkeiten herzustellen. Als Metapher und Chiffre für das Leiden an einer grundlegend umgewälzten Arbeitswelt zu Beginn des 21. Jahrhunderts hat er allerdings jetzt schon historisch-ikonischen Charakter als »Zeitkrankheit« (Bröckling, 2013, S. 179), dies auch im ganz wörtlichen Sinn.

Historisch auch deshalb, weil die sich unter diesem Begriff versammelnden Alterskohorten zumindest in Deutschland aus verschiedenen Gründen die letzten sein dürften, die auf diese Weise an der Arbeitswelt leiden. Selbstverständlich hat jede Zeit das Recht auf ihren eigenen Krankheitsdiskurs, und wir wissen hier und heute auch nicht, was die Diskursmaschine demnächst ausgibt. Es gibt aber konkrete Anhaltspunkte, zu vermuten, dass Burn-out den heutigen Vertreterinnen der sogenannten Generationen Y und Z wie das ferne Rauschen des Langwellensenders eines alten, analogen Radios anmuten wird.

In einer Gesellschaft mit immer weniger jungen Menschen können sich diese die Arbeit aussuchen und, hoffentlich, deren Bedingungen mitverhandeln und -gestalten. Dabei werden immer noch etliche Arbeits- und Ausbildungsplätze unbesetzt bleiben. Um Arbeitskräfte zu gewinnen und auch zu halten, müssen Unternehmen bereits heute vielfach und demnächst noch verstärkt Angebote machen. Bedingungen stellen war gestern. Die Journalistinnen Kerstin Bund und Hannah Knuth beschreiben z. B. in einem Artikel in der »Zeit«, wie Unternehmen um Arbeitskräfte werben. Demnach verzichtet die Deutsche Bahn mittlerweile in ihren Bewerbungsformalien auf Anschreiben. Lebenslauf und Gespräch seien ausreichend. Dies habe 10 Prozent mehr Bewerbungen generiert. Eine Werbeagentur spendiere den Jungwerber*innen nach der Probezeit einen Kurztrip in eine europäische Hauptstadt und selbst Unternehmensberatungen und Anwaltskanzleien böten mittlerweile Teilzeitmodelle und Sabbaticals. Von Yoga in der Mittagspause, Massage und frei wählbaren Arbeitszeitmodellen mit Homeoffice gar nicht zu reden (Bund u. Knud, 2019). Ob diese sehr optimistische Sicht auf die Berufschancen der Jüngeren nach Corona noch Bestand haben wird, lässt sich aktuell allerdings noch nicht ermessen.

Populär sind gegenwärtig eher unpolitische Deutungsangebote bekannter Apokalyptiker, die mehr Resonanz zwischen Ich und Welt einfordern (Rosa, 2016) oder in der Gemeinschaft und der Wiederbelebung von Ritualen (Han, 2019) eine bessere Zukunft aufscheinen sehen.

Was aber kann denn nun denen konkret geraten werden, die sich von dem Identifikationsangebot, welches der Begriff Burn-out macht, angesprochen fühlen?

Wie können die neuerdings als »Boomer« bezeichneten 50- bis 70-Jährigen – die nicht mehr Kreditwürdigen unter den Arbeitnehmenden, die, die immer zu viele waren, deren Arbeitsbiografien neben dem üblichen Konkurrenzdruck und wiederholten Zurückweisungserfahrungen auch noch Wendezeit und Digitalisierung amalgamieren mussten – gut für sich sorgen, ohne dass diese Sorge auf mehr Yoga, weniger Netflix reduziert wird?

Explizit soll dieses Buch kein weiterer unter den auch schon zu vielen Burn-out-Ratgebern sein, es werden hier auch keine weiteren allgemeinen Tipps gegeben für eine bessere Sorge um sich, die so zu mehr persönlicher Resilienz führen könnte. Aber an die Macht des Denkens zu glauben, welches in der Lage sein kann, den »Verblendungszusammenhang« (Horkheimer u. Adorno, 2006) zu decouvrieren, dem der Mensch im »subjektivierten Kapitalismus« (Voss u. Weiss, 2013, S. 29 ff.) unterworfen scheint, indem gesellschaftlich erzeugte Herrschaftsverhältnisse naturalisiert werden, ist sicher kein falscher Ansatz. Etwas unmarxistischer ausgedrückt, geht es darum, dem scheinbaren Naturgesetz, dass unter neoliberalen Arbeitsbedingungen die Menschen ihr Scheitern und ihren beruflichen Erfolg bei sich selbst verorten (müssen) – unabhängig davon, ob Erfolg auf der Grundlage der vom Unternehmen bereitgestellten Ressourcen überhaupt möglich ist –, entgegenzutreten (siehe auch Haubl, 2018).

Kurz, wir reden über Aufklärung. Zumindest in den meisten medizinischen und psychosozialen Arbeitsfeldern gibt es einige fast standardisierte Konstellationen, die zu erkennen bereits einen Burn-out-prophylaktischen Wert hat.[29] Welche individuellen Handlungen aber dann für die jeweils Einzelne daraus resultieren, lässt sich weder vorgeben noch in allgemeinen Ratschlägen fassen. Damit wird die sogenannte Burn-out-Prophylaxe nicht mehr zur individuellen und damit individualisierten Aufgabe der jeweiligen Arbeitenden – was natürlich völlig legitim und oft auch notwendig ist[30] –, auch wenn es die gesellschaftlichen Voraussetzungen, unter denen diese Arbeit verrichtet wird, nicht verändert, sondern die Kenntnis der kontextuellen Bedingungen, in denen die Arbeit situiert ist, erzeugt diese Prophylaxe bereits als Effekt.

---

29 Die funktionalen Prämissen der Teilsysteme der Gesellschaft sind wohl am besten von Niklas Luhmann untersucht worden: »Zumindest lässt sich jedoch erwarten, daß Systemfolgen, die nicht vom individuellen Wesen der beteiligten Personen abhängen, sich mit einer gewissen Typizität wiederholen« (Luhmann, 2016, S. 23).

30 »Wir sollten es uns nicht auch noch schlecht gehen lassen, wenn die Bedingungen schon schwierig sind« (Hantke u. Görges, 2019, S. 17).

Der Soziologe Rolf Haubl beschreibt ein Forschungsprojekt (Haubl, 2017, 2018), in dem Supervisor*innen über ihre Klientel befragt wurden. Es konnten hier vier die persönliche und auch kollektive Resilienz steigernde Faktoren ermittelt werden, nämlich Anerkennung, Führungskompetenz von Vorgesetzten, Kollegialität und Leistungsgerechtigkeit. Diese Faktoren werden von Haubl als Erweiterung des Antonovsky'schen Kohärenzbegriffs gefasst (Antonovsky, 1997). All diese Faktoren lassen sich prinzipiell operationalisieren, sodass ein Zuwachs dieser Größen in einem Unternehmen messbar ist, genauso wie die Arbeitsplatzzufriedenheit. Ebenso lassen diese Faktoren sich gezielt beeinflussen.

Eine Befragung des eigenen Arbeitsplatzes in Bezug darauf, ob diese Begriffe dort bereits mit Leben angefüllt sind, mag den einen oder die andere rasch von Selbstbezichtigungen und Schuldgefühlen ob des eigenen persönlichen scheinbaren Ungenügens entpflichten. Mögliche nächste Schritte könnten, soweit man/frau dafür in einer entsprechenden Position ist, das individuelle Bemühen sein, dafür zu sorgen, dass diese Faktoren sich wahrnehmbar positiv verändern. Auch solche scheinbaren »Old-School«-Veranstaltungen wie Engagement in Betriebsrat bzw. Mitabeiter*innenvertretung oder gar gewerkschaftlicher Organisation können sinnvoll sein, um Arbeitsplätze solchermaßen umzugestalten.

Nicht zuletzt ist es ist es unbedingt erforderlich, die Bedingungen, unter denen die eigene Arbeit stattfindet, nicht nur unter Kolleginnen und Kollegen, in Peer- und Supervisionsgruppen zu thematisieren, sondern das Reden darüber an den öffentlichen Diskurs über Erwerbsarbeit anzuschließen, um jenseits der individuellen Leiden deren sozialpolitische Relevanz herauszustellen.

Fassen wir zusammen: Genauso wie im Resilienzdiskurs steht mit der Burn-out-Metapher primär ein leidendes Individuum (anstelle eines ziemlich windigen Gesellschaftsvertrags) im Fadenkreuz verschiedener Diskurse, die mittels dieses Begriffs enggeführt werden. Es sind dies (mindestens) drei Diskurse, nämlich

- der über psychische Krankheit (und deren möglicher Zunahme),
- der über die Zumutungen der Globalisierung und der neoliberalen Arbeitswelt und

- der über die Ausweitung des Leistungsdispositivs über die Arbeitswelt hinaus in jeden lebensweltlichen Bereich.

Lediglich in Bezug auf letzteren Punkt, also die nicht durch Erwerbsarbeit bestimmten Aspekte des eigenen Lebens, hat jede*r eine uneingeschränkte Verfügungsgewalt. Alle anderen Aspekte betreffen auch alle anderen, machen also die an Burn-out Leidenden (genauso wie die an der Verbesserung der persönlichen Resilienz Tüftelnden) zu öffentlichen, damit politischen Figuren, womit Heilung und damit die (Wieder-)Herstellung gesundheitsfördernder Arbeitsbedingungen primär zur politischen Aufgabe werden.

Was sich so schön sagt, bedeutet in aller Klarheit, dass zusätzlich zu Tischtennis und Zumba in der Mittagspause doch größere, in die Breite wirkende Stellschrauben bewegt werden sollten. Diese müssen gar nicht zwingend in der großen Politik angesetzt werden, sondern in den konkreten beruflichen Lebenswelten der Beteiligten, wo es eben häufig nicht genügt, einmal pro Monat bis einmal pro Quartal Supervision in Anspruch nehmen zu können.

Vielmehr sollten z. B. Formen der fachlichen Reflexion etabliert werden, die ein wesentlich spontaneres anlassbezogenes Angebot darstellen, wie z. B. Krisenbegleitung immer dann, wenn eben »Krise ist«, multiple Formen der Supervision und des Coachings wie auch Supervision/Coaching für einzelne Mitarbeitende oder Subgruppen des Teams – und zwar nicht nur dann, wenn Veränderungen implementiert werden müssen oder Zielgrößen und Benchmarks nicht erreicht werden, also topdown Angeordnetes, sondern immer dann, wenn das Team und oder der/die Einzelne sich dadurch einen förderlichen Erkenntnisgewinn verspricht (siehe hierzu auch die auf Menno Baumann, 2019, zurückgehenden Ausführungen im Kapitel »Wunschbild: Nachbemerkungen«).

Blick in den Maschinenraum: Von Organisationen und ihren Funktionslogiken

»Denn es könnte doch ganz nützlich sein, zu verstehen, wie eine Organisation funktioniert, wenn man es schon den ganzen Tag lang damit zu tun hat.«
Christina Grubendorfer (2016, S. 10)

Nun agiert ein Individuum in der hochgradig vernetzten Arbeitswelt ja in aller Regel nicht monadenhaft allein. So stellt den Kontext zum Burnout-gefährdeten und anderweitig an der Arbeit (ver-)zweifelnden Individuum die Organisation dar mit ihren unterschiedlichen Funktionslogiken.

Mit Blick auf die supervisorische Praxis lassen sich viele Konflikte, die Supervisand*innen und Coachees berichten, auf Schwierigkeiten zurückführen, die sich dadurch ergeben, dass eher unklar ist, wie – jenseits des eigenen Bereichs – die Organisation »tickt«. Wenn sogenannte »Lösungen erster Ordnung« (Watzlawick, Weakland u. Fisch, 1992, S. 59 ff.) gewählt werden, die entweder von falschen Prämissen ausgehen oder Teile des Kontexts nicht berücksichtigen, werden die Lösungen selbst zum Problem.

Zugehörigkeiten und Sinnzuschreibungen: Das kann ganz schön komplex sein

Unternehmen sind ziemlich komplexe Organisationen, in der die jeweiligen Akteurinnen und Akteure mit unterschiedlichen Sinnzuschreibungen unterwegs sind. Missverständnisse und Irritationen in Bezug auf das Handeln der anderen ergeben sich dann, wenn dieser Umstand im Unklaren bleibt und die Messlatte aus der guten Vergangenheit an die neue Situation angelegt wird.

Während z. B. vor 1991 die meisten Kliniken in kommunaler Trägerschaft waren, hat sich deren Zahl halbiert und die der privat geführten Häuser inzwischen verdoppelt. Diese bilden mittlerweile – vor den frei gemeinnützigen und den noch verbliebenen kommunalen Häusern – die Mehrheit.[31] Die alten Narrative von den

31 https://de.wikipedia.org/wiki/Krankenhaus (29.2.2020).

ihr Reich in Gestalt eines kommunalen Krankenhauses umsichtig regierenden, selbstlosen, hier und dann sündigenden, aber im Großen und Ganzen heroisch sich für das Haus aufopfernden Chefärzten (Frauen kommen in diesen Geschichten an diesen Stellen, also ganz oben, eher nicht vor) mit umfassenden Befugnissen für quasi alles und jedes bilden keine Wirklichkeit mehr ab. Es gibt kein großes gemeinsames »Wir« mehr, niemand ist mehr Teil einer großen Heldensaga, die für alle identische Zugehörigkeitsmotive liefert. Diese Geschichten sind auserzählt, die Helden von einst entmachtet und eingehegt von einer kaufmännischen Geschäftsführung und müssen, falls Teil eines privaten Klinikverbundes, den Interessen der Unternehmer*innen folgen. Falls noch kommunal, wacht auch hier ein Aufsichtsgremium schärfer als früher darüber, dass die Bilanzen stimmen.

So muss also jede Klinik[32] wie jedes System ihr Über- und Weiterleben sichern, und zwar mit den eigenen Bordmitteln. Alle anderen Ziele sind irrelevant, wenn dies nicht gelingt. Dies bedeutet z. B., dass alle Stationen/Behandlungseinheiten mit so vielen Patient*innen belegt sein müssen, dass die Berechnungen des Controllings aufgehen. Überleben heißt zwar nicht notwendigerweise, profitabel zu sein, aber Profitabilität ist zwingend für das Überleben einer Klinik, wenn sie Teil ist eines großen, möglicherweise auch börsennotierten Konzerns. Beim Dauerbenchmarking ist es eben schon wichtig, dass die Kennziffern stimmen.

Die Leitung und das Controlling haben also möglicherweise ganz andere Zugehörigkeitsmotive gegenüber der Organisation, weil diese Zugehörigkeit unmittelbar an die Einhaltung dieser Kennziffern

32 Das Narrativ, dass Gesundheitsdienstleistungen wirtschaftlich profitabel sein müssen, kann und sollte man sicher mit Marcel Fratzscher (so im Gespräch mit Jakob Augstein am 28.10.2019, nachzuhören unter https://www.freitag.de/autoren/freitag-veranstaltungen/salon-mit-oekonom-marcel-fratzscher) als Auswuchs einer dysfunktionalen Marktwirtschaft zurückweisen, stellt mittlerweile aber eine harte Wirklichkeit dar, mit der man/frau umgehen muss. Nicht weniger deutlich formuliert es die Leopoldina in ihrer vierten Stellungnahme zur Coronavirus-Pandemie vom 27.5.2020: »Benötigt wird ein patientenorientiertes, qualitätsgesichertes und nicht primär gewinnorientiertes System, das alle Mitarbeitenden wertschätzt«.

als Zeichen eines guten Wirtschaftens gebunden ist. Der Physiotherapeut mit Festvertrag wird auch dann noch im Haus arbeiten, wenn die Klinikleitung durch die Konzernleitung wegen wirtschaftlicher Fehlentscheidungen ausgetauscht sein wird. Sein Zugehörigkeitsmotiv besteht eher nicht darin, für den Konzern die Profitabilität des Hauses zu garantieren, sondern eine gute, von den anderen Teammitgliedern geschätzte Arbeit an einem Arbeitsplatz zu verrichten, den er jeden Tag gern aufsucht, der vielleicht auch nicht allzu weit entfernt ist von dem Ort, an dem er wohnt. Die Assistenzärztin wiederum, die mit einem Zweijahresvertrag als Elternzeitvertretung eingestellt ist, nutzt ihre zwei Jahre, um z. B. ein bestimmtes, sehr spezielles Behandlungssetting kennenzulernen oder ihren OP-Katalog zu vervollständigen. Weder möchte sie an diesem Ort dauerhaft leben, noch hat sie ein tieferes Interesse daran, dass das Haus nach Ablauf ihrer zwei Jahre noch existiert.

Verschoben haben dürften sich die Zugehörigkeitsmotive der Mitarbeitenden aller bereits outgesourcten Abteilungen wie Hausmeister, Wäscherei- und Küchenkräfte. Diese sind nun in eigens dafür gegründeten Tochterfirmen beschäftigt und erhalten keinen tariflichen Lohn mehr. Einige werden mit zusammengebissenen Zähnen hoffen, dass sie es auch unter diesen unwürdigen Bedingungen noch bis zur Rente schaffen, andere planen ihr gesamtes Leben um und wechseln den Arbeits- und Wohnort. Von diesen wird sich wohl niemand mehr emotional eng verbinden mit dem Haus, so wie dies früher in der Heldenerzählung der Fall gewesen sein mag.

Für alle der passende Rahmen: Gute Führung

Auch wenn Führungspositionen in gewinnorientierten Unternehmen der Gesundheitsbranche häufig besetzt werden mit Leuten, die die Ethik der Gewinnmaximierung in Form bonifizierter Arbeitsverträge auch persönlich vertreten, sagt das nichts über deren Führungsqualitäten aus. Und das Motiv, viel Geld verdienen zu wollen, impliziert keine Bewertung der fachlichen Qualifikation und sozialen Kompetenzen der Führenden. Über diese sollten sie zweifellos verfügen, geht es doch darum, im Dienst der Überlebenssicherung der Organisation (und des eigenen Überlebens in dieser Organisation) permanent Konflikte zu bewältigen und Entscheidungen zu treffen (Simon, 2009, S. 55). Dies bedeutet immer, dass von zwei Seiten einer Unterscheidung eine gewählt und die andere zurückgewiesen werden muss. Da hinter jeder Unterscheidung Ideen, Visionen, Standpunkte, Bewertungen stehen und damit Menschen als deren Vertreter*innen, sollten Führende in der Tat sozial so kompetent sein, dass die Sinnhaftigkeit der Zugehörigkeit zur Organisation von allen bejaht werden kann. Fritz Simon (S. 62) schreibt hierzu: »Führung besteht dann darin, die innerorganisatorischen Selektionsmechanismen für das individuelle Verhalten der Mitarbeiter und die Kommunikationsmuster des Unternehmens auf einen Sinn hin zu beeinflussen.« Im Weiteren untersucht Simon die Beziehung zwischen dem Unternehmen und seinen Mitarbeitenden als »intelligente Überlebenseinheiten, die füreinander potentiell überlebenswichtige Umwelten darstellen« (S. 62).

Nun lässt sich schlussfolgern, dass der infolge der Globalisierung gestiegene Druck der Märkte, die den Unternehmen eine größere Volatilität abverlangt, die Kopplung zwischen Mitarbeitenden und Unternehmen loser werden lässt, was wiederum zu einer Desidentifikation dieser mit dem Unternehmen führt: Wenn ich weiß, dass ich austauschbar bin, ich diese Erfahrung möglicherweise schon mehrmals gemacht habe, dann binde ich mich nicht an den Verein, denn Trennung verursacht Trennungsschmerz.

Nicht jede*n jedoch trifft dieses Fatum gleichermaßen. Je spezialisierter und gleichzeitig jünger an Lebensalter jemand ist, desto günstiger sind seine Aussichten auf längere Zugehörigkeit, und je geringer qualifiziert jemand ist, desto wahrscheinlicher ist es, dass die Kopplung zwischen ihm und dem Unternehmen aus der Sicht des Unternehmens als eher lose betrachtet wird.

Wir ahnten es schon, dass auch diese Medaille zwei Seiten hat: Für die Führenden ergeben sich damit Entscheidungsnotwendigkeiten zwischen langfristiger Planung mit loyalen, längerfristig beschäftigten Mitarbeitenden einerseits und der Notwendigkeit andererseits, auf Schwankungen der Märkte, konjunkturelle Moden und veränderte politische Vorgaben flexibel reagieren zu müssen, um – oberste Priorität – das Überleben des Unternehmens zu sichern. Eine weitere Währung, abgesehen von Geld, die Mitarbeitende an

Unternehmen bindet, ist also Sinn. Somit stellt die Erzeugung von sinnstiftenden Kommunikationen mehr denn je eine weitere Aufgabe für Führende dar.

Man könnte mit anderen Worten sagen, dass es, anstelle der alten Heldenerzählungen, neue Narrative braucht, jenseits der Geschichten von zahlenfixierten kaufmännischen Geschäftsführern und Kurzzeitchefärzt*innen, die ihre Leitungsaufgabe darin sehen, für sich selbst ein Karrieresprungbrett zu basteln, das sie vom Provinzkrankenhaus in die Großstadtklinik promoviert. Eine neue große Erzählung hierzu, von was auch immer, ist noch nicht in der Welt bzw. das, was in der Welt ist, ist kein Stoff für große Erzählungen, deren Zeit vermutlich ohnehin vorbei ist.

Langfristig dürfte daran auch die Coronakrise, die zurzeit mächtige Zentripetalkräfte freisetzt, nichts ändern. Dennoch erstaunt es gerade, zu sehen, dass viele Klinikteams, ganze Häuser von extrem kohäsiven Kräften bewegt scheinen, sehr aufeinander bezogen wirken und als eingeschworene Gemeinschaften wahrgenommen werden. Kritik von außen lässt dazu reflexhaft die Kohäsivkräfte noch stärker werden.[33] Unabhängig von diesen Ausnahmefällen ist es aber eine wesentliche Aufgabe für Führende im Alltagsgeschäft, einen für jede*n in der Organisation Tätigen passenden Deutungsrahmen bereitzustellen, der die Teilnahme aller am Spiel ermöglicht durch die Affirmation je individueller Zugehörigkeitsmotive.[34]

Weniger Reibung ist manchmal mehr Energie: Allein arbeiten

Ohne Chefin oder Chef das eigene Ding zu machen, kann durchaus eine Alternative zum Angestelltenstatus darstellen. Der hohen Komplexität des Arbeitens in Organisation mit ihren vielfältigen Anforderungen an die eigene Rolle dort die Überschaubarkeit der

---

33 Ein jüngeres Beispiel hierfür ist eine »Spiegel«-Reportage über eine in der Coronakrise in die Schlagzeilen geratene Klinik: »Die schwarze Station« in »Der Spiegel« 17/2020.

34 Im Grunde verhält es sich hier im Kleinen so wie mit dem staatsbürgerlichen Großen Ganzen.

Tätigkeit auf eigene Kosten entgegenzusetzen, kann wohltuend sein. Viel Freiheit von (z. B. ermüdenden Machtspielen, Me-too-ähnlichen Geschlechterverhältnissen, einengenden Entscheidungsprämissen) und noch mehr Freiheit zu (z. B. zur alleinigen Entscheidung bezüglich Klient*innen, Dauer der Beratung, Anzahl der »Fälle«, Arbeitszeit und Arbeitsumgebung) können, gepaart mit Entrepreneurship, die selbstständige Tätigkeit zum Wunschmodell werden lassen.

Sollten Sie diesen Text als freiberuflich Tätige*r lesen, so werden Sie sich sicher aus guten Gründen dazu entschieden haben, die Arbeit in einer Organisation zugunsten einer anderen Form der Berufstätigkeit zu tauschen. Vielleicht war Ihnen auch schon zu Beginn Ihres beruflichen Daseins klar, dass Sie später lieber auf eigene Rechnung tätig sein wollen als Ihre eigene Chefin bzw. Ihr eigener Chef.

Als selbständige*r Berater*in, als Inhaber*in einer Praxis mit oder ohne Angestellte stellen sich die in Organisationen das Grundrauschen bildenden Konflikte oft gar nicht oder ziemlich anders dar. Und doch hat, wie alles, auch diese Art der beruflichen Tätigkeiten Seiten, die nicht glänzen. Allein zu arbeiten hat den Vorteil, dass man/frau mit niemandem außer mit sich selbst Absprachen treffen muss. Das bedeutet aber dann ja auch, dass niemand da ist, mit dem überhaupt welche getroffen werden müssen, d. h., alle Schwierigkeiten und Fragen, die bei der Arbeit auftauchen, müssen Sie meistens mit sich selbst abmachen. Es gibt niemanden, der für einen kurzen Tür-und-Angel-Schnack zwischen Teeküche und Flur zur Verfügung steht und vielleicht genau die zündende Idee zu Familie X oder Ihrer Coachingklientin hat, die gerade erneut einen Jobwechsel vorbereiten will. Durch die Kraft der Schwarmintelligenz lassen sich leider beim Alleinarbeiten keine guten Ideen einsammeln, aber es stellt sich Ihnen auf der anderen Seite auch niemand in den Weg, um dringend von der von Ihnen favorisierten Lösung abzuraten.

»Ja, genau, das stimmt alles und das ist auch gut so!«, werden Sie möglicherweise jetzt beim Lesen ausrufen. Damit haben Sie vollkommen recht. Und als Selbstständige*r bilden Sie eine kleine, risikobereite Subgruppe unter den Berufstätigen, die bereit ist, auf manche positiven Aspekte des Angestelltendaseins zu verzichten, weil die eigene Autonomie der größere Gewinn ist.[35]

Die Möglichkeiten, die sich Ihnen dennoch bieten, in einen kollegialen Austausch zu treten, haben Sie sicher bereits ausgelotet und nutzen Sie in einer Weise, die für Sie stimmig ist: Supervision, Coaching, Besuch einer Intervisionsgruppe, Teilnahme an einem Qualitätszirkel, regelmäßige wöchentliche informelle Treffen mit Kolleginnen, wie z. B. gemeinsames Mittagessen beim Italiener jeden Mittwoch.

Falls diese Formen der Selbstfürsorge noch nicht Teil Ihrer Arbeitshygiene sind, dann fühlen Sie sich durch die hier vorgestellten Formate doch gern eingeladen, über die Selbstberatung hinaus in einen Austausch zu gehen mit Menschen, die in ähnlichen Berufsfeldern arbeiten, mit ähnlichen Problemen konfrontiert sind und sich ihrerseits freuen über einen kollegialen Input.

Nach rechts und gleichzeitig nach links: Dilemmata und andere berufliche Widersprüche

»So many roads. So many detours.
So many choices. So many mistakes.«
Sarah Jessica Parker (2020)

Sarah Jessica Parker (für die jüngeren Leser*innen: bekannt als Carrie Bradshaw in »Sex and the City«) mag diesen Satz mehr auf die Straßen in Upper Manhattan gemünzt haben und auf die Frage, ob sie zum Maxirock die Loboutins oder doch besser Chucks tragen soll. Aber auch an anderen unauflösbaren Widersprüchen lässt sich trefflich verzweifeln.

Eine Organisation hingegen ist quasi per definitionem in der Lage, alle organisationsinternen Widersprüche zeitgleich auszubalancie-

35 2017 waren in Deutschland ca. 39,1 Millionen Menschen angestellt, 4,3 Millionen selbstständig. https://www.zeit.de/wirtschaft/2017-01/arbeitsmarkt-deutschland-konjunktur-jobs-rekordhoch-dienstleistungen (3.3.2020). Die Zahlen dürften vermutlich je nach Erhebungsmethode schwanken, insgesamt bilden sie aber doch ab, dass die Menschen zum großen Teil in Organisationen arbeiten.

ren, da sie nach unterschiedlichen Funktionslogiken[36] differenziert ist. Ralph Grossmann, Günther Bauer und Klaus Scala (1997, S. 39 f.) erläutern das am Beispiel des Krankenhauses: »Krankenhäuser kümmern sich primär um die Krankenbehandlung, stehen aber heute mehr denn je unter dem Druck, Entscheidungen auch unter Kostengesichtspunkten zu treffen. Darüber hinaus ist das Krankenhaus eine wichtige Ausbildungsinstitution für Ärzte und Pflegeberufe und auch die medizinische Forschung ist ohne Krankenhaus nicht denkbar. Krankenbehandlung, Ausbildung, Forschung, Wirtschaftlichkeit, dies alles gilt es zu betreiben.« Zu ergänzen ist noch, dass Kliniken mitunter die größten Arbeitgeber am Ort sein können und auch noch einen großen patientenfernen Dienstleistungssektor bewirtschaften mit Reinigungs- und Küchenpersonal, Wachschutz etc.

All diese Subsysteme organisieren ihr jeweils eigenes Über- und Weiterleben entlang je spezifischer Parameter. Jedes Subsystem folgt seiner eigenen Funktionslogik und jedes Subsystem muss sein eigenes und das Überleben der Organisation sichern. Soweit, so klar und einfach. Bei näherem Hinsehen lässt sich aber erkennen, dass die Funktionslogiken teilweise einander widersprechen: Viel Geld einzunehmen, um die Geschäftsführung gut zu bezahlen, Rücklagen für Investitionen bilden zu können und, sofern vorhanden, den Aktionärinnen die vereinbarte Dividende zu überreichen, könnte dann zum Problem werden, wenn z. B. aufgrund unvorhergesehener Ereignisse Stationen geschlossen werden müssen und geplante Behandlungen nicht realisiert werden können, wenn die Patientenpopulation sich verändert und statt der lukrativeren Krisenaufnahmen fast nur noch sogenannte »Regelbehandlungen« durchgeführt werden. Es entstehen also mindestens für das Controlling erhebliche Ist-Soll-Differenzen. Diese Ist-Soll-Differenz kann für das Controlling ein Dilemma bedeuten. Wenn der Auftrag lautet: »Halte die Kosten nied-

36 Der Begriff »Funktionslogik« war lange Zeit nur den in der Luhmann'schen Systemtheorie bewanderten Zeitgenoss*innen vertraut. Mittlerweile dürfte er einem größeren Kreis bekannt sein, vor allem durch die auch in Tages- und Wochenzeitungen publizierten Texte des Soziologen Armin Nasehi: z. B. https://www.spiegel.de/kultur/armin-nassehi-ueber-die-corona-pandemi-ausnahmezustand-a-00000000-0002-0001-0000-000170213716 (10.4.2020).

rig und steigere die Rendite«, dann befällt das Controlling in der oben skizzierten Situation aus gutem Grund Herzrasen und Frack-sausen. Könnte auch sein, dass diese unguten Gefühle via Geschäftsführung unmittelbar weitergereicht werden an die operative mittlere Leitungsebene, also alle, deren Berufsbezeichnung mit dem Präfix »Ober-« beginnt: Oberärzt*innen, Oberpfleger*innen etc. Diese verspüren meist den größten Leidensdruck: Sie müssen das von der kaufmännischen und fachlichen Leitung Dekretierte nach unten durchstellen, gleichzeitig sind sie mit dem Ohr nah an den Teams, ihren Teams, und kennen also auch deren Möglichkeiten und Grenzen. An diesem Punkt werden dann die den Organisationen inhärenten, bis dato elegant durch verschiedene Akteurinnen ausbalancierten funktionalen Widersprüche offen virulent: Nun soll plötzlich einer gleichzeitig rechts und links gehen: Betten füllen, aber bitte mit 1A-Krisenpatientinnen, Fallzahlen steigern, aber die Stelle des soeben berenteten Sozialarbeiters wird nicht nachbesetzt. Alle, die jemals in Organisationen gearbeitet haben, kennen solche und ähnliche Fälle und auch die damit verbundenen Gefühle.

Diese und andere Widersprüche sind in Institutionen keinesfalls ein problematisches Managementversagen, sondern gehören quasi zur DNA. Sie können sich, wie schon gezeigt, als Antagonismen zwischen Gewinn versus Qualität, Zeit versus Qualität, Kontrolle versus Vertrauen, Aufgaben- versus Mitarbeiterorientierung manifestieren.

Sie sind gekennzeichnet dadurch, dass beim Rechtsgehen immer auch das gefühlt gleichzeitig erforderliche Linksgehen mitgedacht wird. Jeder Lösungsversuch zugunsten der einen Seite, der logischerweise die jeweils andere Seite ausschließt, wird, zu Recht, als unbefriedigend empfunden. Nie scheint das Problem zufriedenstellend gelöst werden zu können: Gebe ich der Qualität den Vorrang vor der Notwendigkeit, so viel wie möglich in möglichst kurzer Zeit abzuarbeiten, weiß ich, dass just in diesem Moment an anderer Stelle in der Organisation jemand besorgt auf Zahlenkolonnen und Kennziffern blickt. Ändere ich mein Vorgehen zugunsten des maximalen Outputs in minimaler Zeit, so torpediere ich damit nicht nur meine eigenen Maßstäbe hinsichtlich der Qualität meiner Arbeit, es könnte, z. B. bei gravierenden Behandlungsfehlern, auch juristische Folgen haben.

Vom Nutzen guter Fragen: Ein Beispiel aus der Klinik

Das Team einer Therapiestation einer großen psychiatrischen Versorgungsklinik berichtet, dass ihm oft, über die Ambulanz und die Krisenstation, Patient*innen zur Therapie zugewiesen wurden, die in den Augen der Mitarbeiter*innen häufig entweder »noch nicht so weit« waren oder eigentlich gar nicht »therapiefähig« waren und regelmäßig das Setting sprengten, disziplinarisch entlassen werden mussten oder selbst abbrachen. Das Team verwandte ziemlich viel Zeit darauf, nicht nur zu klagen, sondern auch zu überlegen, was an dieser Situation zu ändern war und mit welchen Mitteln man für die Therapiestation wirklich intrinsisch therapiemotivierte Patient*innen gewinnen könne. Es wurde, in Abstimmung mit Ambulanz und Krisenstation, ein nicht unübliches Assessment eingeführt, bestehend aus einer Warteliste (mit dem Gedanken, dass, wer bereit ist, mehrere Wochen auf einen Therapieplatz zu warten, auch ausreichend Eigenmotivation habe) und einem persönlichen Vorgespräch auf der Station mit Erklären der Stationsregeln und der Möglichkeit, eigene Fragen zu stellen.

Dieses Prozedere führte jedoch schnell zu der ungünstigen Situation, dass in Urlaubs- und Ferienzeiten die Station nicht ansatzweise kostendeckend belegt war, und in der Folge zur Drohung seitens der Klinikleitung, dass, bei nicht gegebener Wirtschaftlichkeit, eine Bettenverlagerung hin zur Krisenstation unumgänglich sei.

So musste - notgedrungen - erstmal zurückgekehrt werden zum alten Prozedere, letztendlich im Sinne eines Re-Entrys, weil sich nun nicht mehr nur die Mitarbeitenden der Therapiestation über ihr Setting unterhielten, sondern Krisenstation, Therapiestation und Ambulanz gemeinsam berieten, denn im Zweifelsfall hatten alle mit denselben Patient*innen in unterschiedlichen Stadien ihrer psychischen Befindlichkeit zu tun.

Veränderung wurde also möglich, weil der Kontext anders gefasst und die Fragen anders gestellt wurden. Als großer Gewinn konnte verbucht werden, dass alle, Ambulanz, Krisen- und Therapiestation, nun ein gemeinsames Selbstverständnis dafür entwickelten, dass sie Teil ein und derselben Organisation sind und daraufhin mehr stations- und settingübergreifende störungsspezifische Therapieangebote entwickelten, weil die Trennung nach Ambulanz-, Krisen- und Therapiepatientinnen offensichtlich weniger Sinn machte, als sich die Frage zu stellen: »Wer braucht welches therapeutische Angebot«?

Nebenbei konnte auf diese Weise bei denjenigen der Patient*innen, die für sich eine stationäre Therapie in Erwägung zogen, dieses Angebot schon mal angeteasert werden.

Kurz gesagt, die Bemühungen, mit hohem Anspruch stationäre Therapie für wirklich motivierte Patient*innen anzubieten, führte erst einmal zu der paradoxen Situation, dass die Station in ihrem Fortbestand gefährdet war.

Anzuerkennen, dass man/frau mit einem einseitigen Problemlösungsversuch sich direkt in eine »Todeszone« manövriert, ist ein erster Schritt. Die Auflösung bestand in diesem Fall in einer Änderung der Fragestellung und der Erweiterung des Kontextes[37]: Nicht mehr »Wie bekommen wir als Therapiestation geeignete Patient*innen?« war die handlungsleitende Frage, sondern mit Ausdehnung des Zuständigkeitsrahmens auf Krisen- und Therapiestation und Ambulanz als ein gemeinsam verstandenes »Wir« im Sinne all derer, die Menschen mit bestimmten Problemlagen und »Störungsbildern« versorgen, konnte die Frage nun anders gestellt werden: »Welche Angebote können wir

37 »Aus den genannten Punkten ergibt sich […] eine allgemeine Heuristik des Umgangs mit Paradoxien, nämlich die Unterscheidung von Urteilsebenen und die Herstellung umfassenderer Bezüge. […] Eine heuristische Maxime im Umgang mit hartnäckigen Paradoxien – und das gilt wohl auch für Probleme im Allgemeinen – wäre dann, anstatt die Methoden und Verfahren, die ins Paradox geführt haben, weiter auszuarbeiten und auf eine technische Lösung zu hoffen, Distanz zum Problem herzustellen, gewissermaßen einen Schritt zurückzutreten, so dass die Formen der Darstellung, die allen technischen Lösungen vorausgesetzt sind, selbst befragt werden können. Es kann dann gelingen, das Paradox mit Hilfe eines solchen Perspektivenwechsels aufzulösen und durch Einsichten in seine Bedingtheiten und seine Genese zum Verschwinden zu bringen.« Und dann weiter die tröstende Erkenntnis: »In diesem Sinne verweist die Möglichkeit von Paradoxien auf die *Fähigkeit*, in Paradoxien zu geraten, und damit auf ein anthropologisches Faktum: Nur Wesen, die auf ihre Welt nicht bloß reagieren, sondern Distanz sowohl zur Welt als auch zu den Formen ihres Umgangs mit der Welt halten können und daher Freiheitsgrade im Umgang mit der Welt haben, d.h., die sich Gegenstände unter verschiedenen, nicht vorab festgelegten Gesichtspunkten zu eigen machen können, können überhaupt Paradoxien hervorbringen – und dann auch lösen« (Kannetzky, 2014, S. 52 f.).

diesen Menschen machen, sodass sie davon profitieren und wir unsere spezifischen Kompetenzen einbringen können?«

Noch ein Beispiel: Triage in der Erziehungs- und Familienberatungsstelle

Eine Kollegin, die in einer Erziehungs- und Familienberatungsstelle arbeitet, berichtet, dass sie selbst und alle anderen Kolleg*innen am Rande ihrer Möglichkeiten operierten: Immer mehr »Fälle« bei sinkendem Personalbestand, der dauerkranke Kollege werde nicht ersetzt, und überhaupt seien in letzter Zeit alle ehemals vollen Stellen bei Nachbesetzungen in 75-Prozent-Stellen umgewandelt worden.

Wissend, dass bei dieser Ausgangslage Abstriche an die eigenen Ansprüche überlebensnotwendig sind, um nicht nur nicht zu dekompensieren, sondern die Arbeit weiterhin mit Freude verrichten zu können, habe man ein Art Triagesystem[38] etabliert mit Priorität auf den Kinderschutzfällen, alle anderen Anfragen werden auf eine Warteliste gesetzt oder die Ratsuchenden an andere Institutionen verwiesen. Das ist keine perfekte Lösung, weil es die in Dilemmata nicht geben kann, aber es war für dieses Team eine Lösung, mit der alle so gut leben konnten, dass sie weiterhin ein Commitment für ihre Tätigkeit abgeben konnten, statt innerlich zu kündigen, Dienst nach Vorschrift zu machen oder anders auszubrennen.

Und ja, es gab selbstverständlich vorher Versuche, auf andere Ebenen der Institution einzuwirken, um strukturelle Verbesserungen zu erwirken. Aber schon die Teamleitung, von der wir nicht wissen können, in welchen Dilemmata sie sich sieht, habe dies zurückgewiesen.

Erste Erkenntnisse: Irgendwie muss es weitergehen

Aus diesen Beispielen lassen sich zwei gute handlungsleitende Erkenntnisse herauslesen: die eine ist, dass es keine perfekte, ideale

38 »Triage« meint als notfallmedizinischer Begriff die Priorisierung von Hilfeleistungen (siehe https://de.wikipedia.org/wiki/Triage, 20.2.2020) und ist mittlerweile infolge der Corona-Epidemie sprachliches Allgemeingut geworden.

Lösung gibt. Es gibt immer nur ein irgendwie handhabbares Ergebnis, mit dem man/frau (weiter-)leben und arbeiten kann. Und zweitens scheint es wichtig, im Gespräch zu bleiben, günstigstenfalls mit der Hypothese, dass das Gegenüber auch in einer Zwickmühle steckt, man also möglicherweise im selben Boot sitzen könnte. Das bedeutet auch, alle Interaktionen, die eine Fortsetzung der Kommunikation unwahrscheinlich machen, zu unterlassen: sich in Impulskontrolle zu üben, Sätze, die gern gesagt werden wollen, wieder einzuhauchen, der Hand, die gerade die Tür zuwerfen will, ein Stoppsignal zu geben. Schließlich sitzen Sie sich möglicherweise morgen wieder auf dem Weg zur Arbeit im Regionalexpress gegenüber oder müssen in der einzigen Raucher*innenecke Ihrer Institution zusammenrücken.

Heavy Rotations: Im Dilemmazirkel

Die Bearbeitung einer jeden Dilemmaproblematik mittels z. B. Pro- und-Kontra-Listen oder der Vier-Felder-Tafel würde vermutlich wiederholt ergeben, dass es ziemlich viele Argumente gibt, die für die eine Seite wie für die andere Seite der Unterscheidung sprechen. Das am wenigsten erwünschte Ergebnis, die Pattsituation, wäre vermutlich das häufigste. Wiederholtes Imaginieren der stets gleichen dysfunktionalen Lösungsstrategien aber führt in aller Regel in eine Problemtrance.

Je nach persönlicher Bewältigungsstrategie wertet man/frau dann entweder sich selbst massiv ab und spricht sich alle Kompetenzen, eine Sache zu lösen, ab. Oder das Gegenüber, bzw. eine andere Person oder Gruppe, denen sich eine Schuld an der Misere zuweisen lässt, wird entwertet. Eine dritte Variante besteht darin, so zu tun, als gäbe es das Problem nicht, was aber nur bedingt klappt, weil die intentionale Spannung einen schon ganz gut wissen lässt, dass da noch eine unerledigte Aufgabe wartet.[39] So ein intentionaler

39 Die Psychologin Bluma Zeigarnik, eine Schülerin von Kurt Lewin, hat diesen nach ihr benannten Effekt 1927 in Berlin erstmals beschrieben. https://interruptions.net/literature/Zeigarnik-PsychologischeForschung27.pdf (28.7.2020).

Cliffhanger schreit nämlich nach Fortsetzung, das muss man uns als geübte Konsument*innen horizontal erzählter Endlosserien auf Netflix und Co. nicht erklären. Weil man/frau aber weiß, dass nach rechts gehen genauso falsch und gleichzeitig genauso richtig ist wie nach links gehen, geht erneut gar nichts.

Bernd Schmid beschreibt diesen »Dilemmazirkel« so: »Dilemmata sind oft inhaltlich schwer zu erkennen. Doch kann man daraus folgendes typisches Erleben gut identifizieren, wenn man dafür offen ist. Die emotionalen und verhaltensmäßigen Komponenten eines Dilemmas sind nicht als Phasenschema im Sinne von Hintereinander zu verstehen, sondern als verschiedene Zustände, zwischen denen man in unterschiedlichen Reihenfolgen wechseln kann:

Das eine ist das Vermeiden. Wenn jemand, beispielsweise in der Beziehung zum anderen Geschlecht, regelmäßig in Dilemmata gerät, versucht er einfach über längere Zeit solche Beziehungen zu meiden. Jedoch lassen sich elementare Entwicklungs- oder Lebensanliegen auf Dauer nicht vermeiden.

Wird man mit der Sache wieder konfrontiert, gerät man in der Regel in das zweite Stadium. Man erlebt das Gefühl, zu kämpfen, zu strampeln und sich zu verausgaben, und merkt, es löst das Problem nicht wirklich. Es ist kein wesentlicher Fortschritt erreichbar oder zu verspüren. Aber Strampeln, Kämpfen oder Rudern nicht zu versuchen, fühlt sich noch schlimmer an.

Im dritten Stadium gibt man Lösungsversuche oder solche, sein Entwicklungsanliegen zu befriedigen, auf, zieht sich raus, ohne dass man sich wirklich erholt oder sich die Verstrickung löst. Man lässt nur das Strampeln sein. Diesen Zustand nennt man Resignieren. Will man das Problem wieder angehen, gerät man wieder ins Strampeln.

Bleiben Menschen innerhalb der Logik, in der sie ihr Problem definiert haben, wechseln sie zwischen Vermeiden, Strampeln und Resignieren hin und her. Sie kämpfen intensiv und sind danach erschöpft, tun eine Weile nichts, um das Problem anzugehen, ohne aber eine neue Haltung zu ihrem Problem zu finden.

Das vierte Stadium im Dilemmazirkel ist das unangenehmste, aber fruchtbarste, das ist die Verzweiflung. Dies ist eine natürliche Reaktion, wenn eine Situation als ausweglos erlebt wird. Verzweiflung ist dabei eher die Gefühlsqualität »Egal, was ich versuche, es geht nicht gut aus!« – nicht unbedingt eine heftige Emotion. Verzweiflung ist – positiv gesehen – ein Indikator, der auf eine Unlösbarkeit hinweist. Weil dies jedoch oft nicht erkannt wird oder aber als existenziell bedrohlich empfunden wird, möchte man sich dieser Verzweiflung nicht hingeben. Dann kann man allerdings Verzweiflung auch nicht als Kompetenz nutzen. Es fehlt als Gegenkraft die Zuversicht, dass man einerseits die Unlösbarkeit erkennen und aufgeben darf, dass darin aber auch eine Chance liegt, die Sache neu zu konzipieren und eine Lösbarkeit zu erzeugen. Viele meiden an dieser Stelle diese für die Steuerung der Situation richtige Emotion und gehen stattdessen wieder ins Strampeln« (Schmid, 2008).

Das endlose Oszillieren zwischen Stadium eins bis vier – Kämpfen, Vermeiden, Resignieren, Verzweifeln – in diesem »Dilemmazirkel« führt früher oder später zu einer Erschöpfung, die in der Selbst- und Fremdbeschreibung nicht selten als »Burn-out« bezeichnet wird. Die frustranen Lösungsversuche verschärfen ihrerseits das Problem, weil sie dazu beitragen, dass entweder die Selbstabwertung weiter steigt oder die Entwertung des Gegenübers. Paul Watzlawick nennt das mit Bezug auf den Satz von Albert Einstein, dass man niemals ein Problem mit denselben Mitteln lösen könne, mit denen es erzeugt wurde, Lösungen erster Ordnung (Watzlawick, Weakland u. Fisch, 1992).

Lösungen: Vom Bauchgefühl und dem Wunder gelingender Kommunikation

Nach Zwack und Bossmann (2017, S. 36) bieten sich hier – davon ausgehend, dass es, wie oben schon gesagt, keine ideale Lösung gibt, mit dem Ziel, eine persönlich verantwortbare herbeizuführen – folgende Schritte an:

Prüfen Sie, welche inneren Mehrheitsverhältnisse – Eindeutigkeiten gibt es im Dilemma naturgemäß nicht – Sie bräuchten, um sich gut entscheiden zu können. Wie viel Prozent von Ihnen müssten dafür sein? Hören Sie hierbei auf ihre somatischen Marker, auf das, was innere Stimmen, treue Ratgeber, wichtige Weggefährt*innen, Ihr »Bauchgefühl« Ihnen sagen.

Diese im Buch vorgestellten Formate eignen sich hierzu besonders gut: das »Dream-Team« (Übung 6), die »Affektbilanz« (Übung 5), »Frag andere« (Übung 2), »Kleine innere Dilemmaaufstellung« (Übung 10), »Ambivalenzen externalisieren« (Übung 17), »Timeline und Processing« (Übung 20).

Reflektieren Sie, ob Ihr aktuelles Gefühl tatsächlich aus der konkreten Situation entstanden ist oder ob die Situation wiederum ein Gefühl getriggert hat, welches frühere ungünstige Erfahrungen aufruft: Angenommen, Sie sind z. B. auf eine Kollegin wütend – speist sich diese Wut allein aus dem aktuellen Konflikt mit ihr oder ruft dieser Konflikt Ihnen wieder einmal in Erinnerung, wie schwierig damals in Ihrer Herkunftsfamilie das Verhältnis zu Ihrer Schwester war, weil Ihre Eltern diese in Ihren Augen stets bevorzugt hatten?

Vielleicht »verkneifen« Sie sich auch ein Gefühl, weil der Preis, es zur Kenntnis zu nehmen, zu hoch wäre. Zum Beispiel sind Sie irgendwie traurig, deprimiert, fühlen sich lustlos auf der Arbeit, weil der berechtigte Zorn über eine erneute Zurücksetzung durch eine Vorgesetzte eigentlich ein klärendes Gespräch erforderlich machen würde, Sie aber die möglichen Folgen zum jetzigen Zeitpunkt (noch) nicht tragen können oder wollen.

Fragen, die sich hier anbieten zur Klarifizierung:

- Welchen Preis bin ich bereit zu zahlen?
- Welche Folgen kann ich in Kauf nehmen?
- Welche Folgen für andere sollte ich dabei bedenken?
- Aber auch: Welchen Preis kann ich auf keinen Fall zahlen?

Mit dem Tool »Timeline« können Sie die verschiedenen möglichen Szenarien imaginieren, in unterschiedliche Zukunftsentwürfe fortschreiben und diese an einer Timeline abschreiten.

Fragen Sie sich außerdem:

- Was sind meine persönlichen Kriterien für eine gute Entscheidung?
- Welche Werte sind mit im Spiel?
- Wie gehe ich mit etwaigen Fehlentscheidungen um?

Gute Tools hierfür sind z. B. die »Innere Goldwaage« (Übung 14) oder das »Herzcoaching« (Übung 13).

Behalten Sie im Kopf, dass katastrophisierendes Antizipieren des »Worst Case« Sie in Ihrer Problemtrance gefangen hält und das Entscheiden erschwert: Die Apokalypse ist nur das Vorletzte, auch hier gibt es ein Danach (vgl. von Schlippe u. Schweitzer, 2012, S. 185).

Kommunizieren Sie transparent und dokumentieren Sie alle Schritte Ihrer Entscheidung. So haben Sie selbst zu einem späteren Zeitpunkt die Möglichkeit, das ganze Geschehen aus einer zeitlichen und emotionalen Distanz heraus noch einmal zu reflektieren. Auch anderen Mitspielenden können Ihre Notizen dafür eine hilfreiche Grundlage sein.

Bleiben Sie auch in einem guten Kontakt mit sich selbst. Selbstmitgefühl angesichts der eigenen Beschränktheit, der generellen Fehleranfälligkeit von Kommunikation, der Fülle von Mitspielenden samt deren Wünschen, Zielen, Gefühlen bei einer niemals »sauber« zu lösenden Problematik ist in Ordnung! Anders gesagt: Es ist eigentlich doch sowieso ein Wunder, dass es angesichts der Komplexität vieler Szenarien so etwas wie gelingende Kommunikation trotz sachlicher Differenzen überhaupt gibt. Kein Wunder sollte es sein, sondern eher eine Art erwartbare Störung, dass dies nicht immer der Fall ist.

Aufstehen und Krone richten: Tröstungen

Johannes Herwig-Lempp (2012, S. 245 f.) führt in Anlehnung an Ute Fernis und Ludger Kühling (2004) in seinem Buch zur ressourcenorientierten Teamarbeit einige »Systemische Tröstungen« auf. Dies sind Leitsätze für den konstruktiven Umgang mit Misserfolgen und Situationen, wie den hier beschriebenen. Sätze, die man/frau freundlich zu sich selbst sagen kann, wenn eine Schwierigkeit trotz allem Bemühen sich nicht zur Zufriedenheit aller auflösen lässt. Solche Sätze können z. B. sein:

- »Ich habe es versucht, ich werde es wieder versuchen.«
- »Ich gehe mit mir genauso freundlich um wie mit meinen Mitarbeiter*innen/Kolleg*innen/Patient*innen.«
- »Ich habe es gemacht, so gut ich konnte.«

Überlegen Sie sich in einer entspannten Phase einmal einige solcher Sätze und notieren Sie diese in Ihren eigenen Worten. Sie können sie dann in genau jenen Situationen als Tröstung zur Hand nehmen.

Der Methodenkoffer: Tools für die erfolgreiche Selbstberatung

»Auch wenn das Schiff hart stampft
und einen unsicheren Schritt tut,
steh ruhig auf Deck.«
Ingeborg Bachmann (1953/1992, S. 9)

Von Paul Klee gibt es ein Bild, genannt »Haupt- und Nebenwege«. Das Bild, überwiegend in den freundlichen Farben wasserblau, orange, weiß, grün, rot gemalt, entstand 1929 nach Klees zweiter Ägyptenreise und sicher inspiriert vom dortigen Licht- und Farbenkosmos. Es zeigt etwas rechts von der Bildmitte einen kleinteilig ausgeführten durchgehenden breiten Weg, der in einem unendlichen, tieferen Blau (Horizont? Meer?) endet. Von beiden Seiten gesäumt wird dieser Weg von weiteren kleineren, die sich teils miteinander verzweigen, teils enden sie irgendwo, und dann beginnt dort ein neuer, teils werden sie schmäler, machen Krümmungen, werden wieder etwas breiter, um dann alle parallel zum Hauptweg im schon erwähnten unendlichen, tieferen Blau zu enden.

Nehmen Sie das Bild gern als Metapher für Ihre eigene systemische Praxis im Kontext von Theorien und »Schulen«, so wie es sich auch ganz gut eignet, die gesamte systemische Landschaft zu beschreiben. Um also beim Gehen auf diesen Wegen nicht die Orientierung zu verlieren, gibt es zu allen hier vorgestellten Tools jeweils kleine einführende Texte, die sehr kurz, in der Beschränkung wirklich auf das Allernötigste, das jeweilige Format in einen theoretischen Rahmen stellen. Wo sich Methoden besonders gut auch für die Arbeit in Gruppen eignen, wird das am Ende der Beschreibung erwähnt.

Wie schon gesagt, gibt es eine Reihe von Tools, die sich einer solchen eindeutigen Zuordnung eigentlich widersetzen, so gibt die Zuordnung auch nur vor, eindeutig zu sein, weil eben irgendein Schild an den Artikel muss. Ohnehin ist der Sinn des Ganzen nicht das perfekte Botanisieren von Beratungsformaten, diese sind nur das Mittel, um den gangbarsten, besten Weg zum unendlichen, tieferen Blau zu finden.

In diesem Sinne viel Spaß beim Ausprobieren und Finden von guten, brauchbaren Werkzeugen für die Praxis der Selbstberatung!

Zentrum Körper und Dialog der Leiber: Embodiment und hypnosystemisches Arbeiten

»You may wonder how the body comes into psychotherapy. Well, if you look very closely, it comes into therapy right under the head.«
Michael Mahoney (zit. nach Tschacher u. Storch 2010, S. 162)

»Auf das limbische System zu hören, ist die klügste Verhaltensweise überhaupt.«
Gerhard Roth (2003, S. 143)

Wir alle sind biopsychosoziale Wesen und ohne einen Geist, der nicht an den Körper angeschlossen wäre, ließen sich basale Lebenserhaltungsvorgänge gar nicht vollziehen, so wie wir auch als körperliche Wesen das Soziale in uns leben. Der Begriff »Embodiment«, für den es leider im Deutschen keine brauchbare Entsprechung gibt, zielt dabei direkt ins Zentrum des Leib-Seele-Problems und besetzt hier die dualistische Position, demzufolge man von zwei Bereichen, dem Körper (also alles, was man/frau anfassen kann, samt seinen neuronalen Prozessen) und dem Geist (Psyche, Denken) sprechen muss.[40] Beide Bereiche beeinflussen sich gegenseitig: »Psychische Vorgänge finden stets in einer körperlichen Einbettung statt und sind daher kaum als reine Informations- oder Symbolverarbeitungsprozesse anzusehen« (Tschacher u. Storch, 2010, S. 164). Und umgekehrt beeinflussen körperliche Zustände die psychische Befindlichkeit.

Erweitert man den Körperbegriff und spricht, Merleau-Ponty folgend, von »Leiblichkeit«, so wird der Köper zum sozialen Ort: »Leiblichkeit ist die grundlegende Weise des menschlichen Lebens – insofern der Leib nicht als Körperding, sondern als *Zentrum räum-*

40 Hier biegt das Embodimentkonzept anders ab als Hermann Schmitz (2011), der das Leiblichkeitsthema phänomenologisch am weitesten treibt und am Ende im Begriff der »Leiblichkeit« den Körper-Seele-Dualismus überwunden sieht.

lichen Existierens aufgefasst wird, von dem gerichtete Felder von Wahrnehmung, Bewegung, Verhalten und Beziehung zur Mitwelt ausgehen. Leiblichkeit in diesem umfassenden Sinn transzendiert den Leib und bezeichnet dann das in ihm verankerte Verhältnis von Person und Welt, bis hin zu ihren sozialen und ökologischen Beziehungen« (Fuchs, Iwer u. Micali, 2000, S. 15).

Von einer anderen Seite angesehen, sind Körper, Geist und soziale Welt je füreinander Umwelten, damit strukturell gekoppelt: »Den Ausdruck verkörpertes Handeln wollen wir nun erläutern. Mit verkörpert meinen wir zweierlei: Kognition hängt von Erfahrungen ab, die ein Körper mit verschiedenen sensomotorischen Fähigkeiten ermöglicht. Diese sind ihrerseits in einen umfassenden biologischen, psychologischen und kulturellen Kontext eingebettet. Mit Handeln möchten wir erneut betonen, dass sensorische und motorische Prozesse, Wahrnehmung und Handlung, in der lebendigen Kognition prinzipiell nicht zu trennen sind. Beide gehören aber bei Individuen nicht zufällig zusammen, sondern haben sich auch gemeinsam entwickelt« (Varela, Thompson u. Rosch, 1992, S. 238).

Damit ist das Embodimentkonzept zur einen Seite hin anschlussfähig an systemtheoretische Überlegungen, zur anderen Seite hin auch an die sogenannten »Cognitive Neuroscience«, ein Forschungsparadigma, welches das Gehirn und seinen Output nicht mehr nur als einen riesigen, massenhaft Daten verrechnenden, überkomplexen Computer begreift, sondern davon ausgeht, dass der gesamte menschliche Lebensvollzug sich als Koproduktion von Körper und Geist verstehen lässt.

Bezogen auf die Praxis der Beratung bedeutet Embodiment, dass Beratung keinesfalls und möglicherweise sogar am wenigsten oberhalb des Halses stattfindet, sondern stets ein Dialog zwischen Leibern ist mit vielfältigen Resonanzen auf der körperlichen Ebene bei allen Beteiligten (siehe auch Schwarz, 2015). Sehr gezielt utilisiert das NLP (Neurolinguistisches Programmieren) diesen Tanz zwischen Berater*in und Gegenüber beim Pacing und Leading zum Aufbau eines Rapports.

Diese Idee lässt sich nun auch gut auf die Beratung mit sich selbst übertragen mit dem Fokus auf den leiblichen Vorgängen, die sich, wie wir nun wissen, nicht von den mentalen Prozessen trennen lassen, sondern der Effekt dieser auf der Basis der Körperlichkeit sind.

Dass das psychische Erleben körperliche Prozesse beeinflusst, ist ein Allgemeinplatz. Mindestens ebenso interessant ist die Tatsache, dass die Feedbackschleifen auch die Richtung wechseln können und damit auch körperliche Prozesse das psychische Erleben modulieren. Die Rückmeldungen des Körpers, hier »somatische Marker« genannt, geben wichtige Hinweise, welche Impulse zur Kenntnis genommen werden wollen und können und, wenn es sich anbietet, auch als Lösungsbild geankert werden.

Ein Beispiel: Während meiner Tätigkeit als Therapeutin auf einer gemeinsamen Eltern-Kind-Behandlungseinheit hatte ich es, wie es erwartbar ist bei Eltern, deren Kinder mit einer psychiatrische Diagnose etikettiert waren, mit Menschen zu tun, deren Selbstwertgefühl häufig unter der Nachweisbarkeitsgrenze lag. Alles Reden, »dass es doch schon mal toll ist, Frau M., dass Sie diesen Schritt einer gemeinsamen Behandlung gegangen sind« oder »dass Sie, Herr T. schon so viele schwierige Situationen mit Kindern und Expartnerin irgendwie gemeistert haben«, all das bewirkte keine grundlegenden Veränderungen der inneren, selbstabwertenden Dialoge dieser Eltern. Im Elterncoaching saßen Frau M. und Herr T. und all die anderen Mütter und Väter mit hängenden Schultern und Mundwinkeln und gesenkten Köpfen und warteten, dass es vorbeigehe. Fragen wie, was denn ihre Kinder Nettes über sie sagen würden oder worauf sie selbst stolz seien oder was ihre tollste Eigenschaft sei, wurden entweder nonverbal mit entsetzten Blicken beantwortet oder mit dem Zweiwortsatz: »Keine Ahnung!«

Wir entschieden uns daraufhin, ein körperorientiertes Einstiegsritual vorzuschalten, und baten alle, aufzustehen und im Raum herumzugehen, gern weiter mit gesenktem Kopf, so langsam wie möglich (Therapeutin und Co-Therapeutin machten natürlich mit als Role Models). Dann vergrößerten wir die Bühne und nahmen den Flur mit hinzu, und alle sollten etwas schneller gehen und dabei den Kopf etwas heben, danach noch etwas schneller und dabei innerlich lächeln und zuletzt ging die ganze Gruppe aufrecht mit geradem Rücken und erhobenem Kopf im Laufschritt über die ganze Station, wobei alle sich nun gegenseitig lächelnd zunickten. Denn: Wie man geht, so geht es einem. Und wie es einem geht, so geht man, sagt schon der Volksmund und hier hat er mal recht.

Solchermaßen in neue leib-seelische Feedbackschleifen katapultiert, konnten die Eltern nun auch relativ sachlich so fiese Fragen wie die nach der besten Eigenschaft des Expartners und Vaters der Kinder beantworten.[41]

Nur ein kleiner Schritt ist es vom Embodimentkonzept zum hypnosystemischen Ansatz, wie er am prominentesten von Gunther Schmidt vertreten wird. Er verbindet systemische Konzepte (den Autopoiesegedanken von Maturana und Varela, den lösungsfokussierten Ansatz von Steve de Shazer und Insoo Kim Berg) mit der Erikson'schen Hypnotherapie, erweitert um Elemente aus dem Psychodrama, der Transaktionsanalyse und körpertherapeutischen Anregungen und letztendlich auch dem psychoanalytischen Konzept der Unterscheidung zwischen bewussten und unbewussten Prozessen.

Zentral sind beim systemischen wie auch beim hypnotherapeutischen Ansatz die Ideen der Musterunterscheidung und der Selbstorganisation: Die Selbstorganisation und Systemreproduktion geschehen Schmidt zufolge durch eine selektive Aufmerksamkeitsfokussierung auf die Regeln und Glaubenssätze des Systems, sogenannte »Regeltrancen«, die wir täglich durch bestimmte gegenseitige kommunikative Angebote reproduzieren. In solchen Feedbackschleifen rotierend, bestätigen wir uns die Gültigkeit der Systemregeln immer wieder selbst (Schmidt, 2013, S. 56). So weit, so gut: Solange sich alle Mitspieler/-innen damit wohlfühlen, ist hiermit der »Normalzustand« eines lebenden Systems, etwa Familie, Team, Verein oder größere Organisation, beschrieben.

Probleme bzw. Symptome entstehen nach Gunther Schmidt als Effekte »selbsthypnotischer Tranceinduktionen« (S. 44) immer dann, wenn die Regeln eines Systems so lebensfeindlich sind, dass zur Exkulpierung vom Zwang der Regelbefolgung ein Symptom erzeugt werden muss.[42]

---

41 Maja Storch (2017, S. 37 ff.) beschreibt einige ähnliche Bodyfeedback-Experimente zur Gefühlsmodulation in beide Richtungen via Körperhaltung.

42 Das gibt den anderen Systemmitgliedern dann die Erlaubnis – unter dem Zwang, sich um den/die Symptombesitzer*in zu kümmern –, die Regeln ebenfalls nicht mehr zu befolgen, und so wird dann paradoxerweise das System am Leben erhalten.

Aus hypnotherapeutischer Sicht bietet sich hier eine grundsätzlich kompetenzorientierte Sicht an, kombiniert mit einer »Lösungstrance«, indem der Zielzustand imaginiert wird. Schmidt verwendet hier, abgesehen davon, dass er ohnehin eine sehr metaphernreiche Sprache spricht[43], häufig die Reisemetapher, verbunden mit einer Zielimagination (S. 66).

Zudem liegt es nach Schmidt nahe, das Problemmuster nicht als ein schnell zu beseitigendes Malheur anzusehen, sondern als den kompetentesten Lösungsversuch zu würdigen, der mit den zur Verfügung stehenden Bordmitteln möglich war. Aus diesem lassen sich bei näherer Betrachtung, also im Beratungsgespräch, bisher noch ungenutzte Fähigkeiten für die Lösung ableiten. Auch ist es, hypnotherapeutisch gesehen, ziemlich nützlich, genau zu wissen, wo man/frau herkommt (Krise, Problem), weil sich auf diese Weise gut feststellen lässt, ob man/frau aktuell schon wieder auf dem Rückweg zum Symptom ist oder doch auf dem Weg in eine leuchtende, andere, bessere Zukunft. Gute Streckenkenntnisse erlauben es, jederzeit anzuhalten, Gepäck abzuwerfen, noch mal kurz zurückzugehen, um den Wegweiser doch etwas genauer zu studieren, dann wieder ein Stück mutig vorwärts zu laufen, wieder anzuhalten, möglicherweise das Ziel noch mal nachzujustieren. Gute Streckenkenntnis bedeutet also gute Rückfallprophylaxe (S. 78).

Weil in unserem Hirn (immer noch) nicht der junge Neocortex, sondern der alte Alligator im limbischen System die Drähte verlötet, bietet es sich an – neben der Verwendung von Metaphern, die den visuellen Assoziationskortex durchlüften –, auch allen anderen Sinneskanälen ein unwiderstehliches Angebot zu machen und Beratung mit Bewegung des Körpers im Raum, Veränderung akustischer Wahrnehmung durch andere Sprachmuster, gustatorische und olfaktorische Anregungen zu verknüpfen. So sind wir also jetzt, nicht überraschend, wieder beim Embodiment angelangt.

---

43 Siehe den hier öfter zitierten Buchtitel von Gunther Schmidt (2013). Auch seine vielen Videos mit Aufzeichnungen von Workshops und Vorträgen sind ein Fest für Metaphernliebhaber*innen.

Übung 1: Polynesisches Segeln oder kein Schiff wird kommen – Krisen kompetent meistern[44]

ZIEL: sich aus einer krisenhaften Situation befreien, wieder Gelände gewinnen, um gute Entscheidungen treffen zu können
HILFSMITTEL: keine
DAUER: 10 Min. bis mehrere Tage (wenn die Mitreisenden mit ins Boot geholt werden sollen)

Eine Krise ist ganz allgemein gekennzeichnet durch eine große Differenz zwischen Ist und Soll. Ein Ziel(zustand) soll erreicht werden, wobei der Ist-Zustand weit davon entfernt ist, das Engagement, ihn zu erreichen, gleichwohl sehr hoch ist bei jedoch schwindender Hoffnung auf das Gelingen. Wenn aber alles so bliebe, wie es ist, würden sich die Dinge noch mehr verschlimmern.

Hier bietet sich das von Gunther Schmidt (2017) entwickelte »Polynesische Segeln« an: »Navigieren im Nebel der Unklarheit und dabei geborgen im Ungewissen.« Also dem Beispiel der Polynesier*innen folgend, die vor 5.000 Jahren von Asien aus ca. ein Drittel der Erdoberfläche in kleinen Booten ohne Kompass und andere Navigationsgeräte befuhren. Wie ist ihnen das gelungen?

- Sie haben zuerst einen ziemlich großen Plan gemacht (»Wir machen eine Reise hinter den Horizont und weiter«).
- Sie haben *zugleich* das Hier und Jetzt gestaltet unter maximalen Unsicherheitsbedingungen (»Keine Ahnung, *wie* groß Ozeanien ist, aber lasst uns doch einfach mal die *nächste* Insel ansteuern«).

Durchführung

Was muss man/frau also konkret tun?

1. Losfahren, im Sinne der ersten Unterschiedsbildung, weil nicht losfahren, also erstarren, die Krise verschlimmern könnte.
2. Ein kleines Boot nehmen, um wendig zu sein: Also darauf gefasst sein, einen Zickzackkurs fahren zu müssen, hier und da eine Halse hinlegen zu müssen, gewahr sein, dass der Weg nicht unbedingt geradeaus führt, sondern mäandert, dass Hindernisse umschifft werden müssen, Wetterunbill zu überstehen sind.

---

44 http://www.ippm.at/wp-content/uploads/2017/01/schmidt_hd.pdf (28.7.2020).

3. Sich der Bordmittel vergewissern (»Zu welchen Ressourcen habe ich aktuell – noch – Zugang?« bzw. »Was muss passieren/muss ich tun/müssten andere tun, damit ich zu meinen wichtigsten Ressourcen wieder Zugang habe?« »Sind alle Aspekte von mir durch die Krise betroffen oder nur bestimmte?« »Welche nicht?«).
4. Mitreisende suchen (»Welche Kontexte stehen mir trotz Krise immer noch zur Verfügung?«).
5. Immer wieder neu navigieren, nachsteuern (»Will ich das jetzt wirklich?« »Will ich wirklich hierhin oder doch lieber dorthin?« Diese Fragen implizieren, dass grundsätzlich Wahlmöglichkeiten zur Verfügung stehen).

Variante für die Peerberatung: Sie können diese Metapher sehr gut nutzen, um eine alternative Erzählung für Ihre Krise zusammen mit Ihren Kolleginnen und Kollegen zu kreieren.

Filmhinweis
Ein sehenswertes Video dazu: https://mitropico.com/filter/Reihe-Magische-Welten-ZDF/Polynesien-Nomaden-der-Sudsee (20.6.2020).

Übung 2: Umgang mit scheinbar Unveränderbarem – drei kleine Imaginationen (nach Stahl)

ZIEL: Festgefahrenes wieder aufweichen
HILFSMITTEL: keine
DAUER: ca. 20 Min. für Imagination 1 und 2, ca. 10 Min. für Imagination 3

Eine Lösung für ein Problem zeichnet sich auf der formalen Ebene dadurch aus, dass es einen wahrnehmbaren Unterschied gibt zwischen einem Zustand vorher, dem Problemzustand, und einem Zustand nachher, dem Lösungszustand. Auf der formalen Ebene ist dies beschreibbar dadurch, dass jemand von einer Sache weniger macht oder auch mehr oder etwas anders macht oder zumindest anders darüber gedacht wird, und dies in Übereinstimmung aller Beteiligten.

Eine dazugehörende Lösungsphysiologie ist erkennbar dadurch, dass die Mimik sich entspannt, der Atem tiefer und langsamer geht, die Körpermuskulatur sich ebenfalls entspannt, der Rücken wieder durchgestreckt werden kann. Es entsteht also wieder ein angenehmes Körpergefühl.

Was, wenn jedoch scheinbar keinerlei Bewegung in die Sache kommt und das Gefühl entsteht, dass man/frau feststeckt? Sie haben schon alles versucht, die abenteuerlichsten gedanklichen Volten geschlagen, mutig im Geiste sämtliche vorstellbaren Szenarien durchgespielt, aber immer wieder haben Sie einen Punkt erreicht, an dem Sie Ihr Gedankenkarussell anhalten mussten, weil die Lösung nicht zufriedenstellend war, weil Sie einen Preis hätten bezahlen müssen, der es nicht wert war, oder es sogar zu nicht hinnehmbaren Verschlechterungen gekommen wäre.

Hier einige kleine Ideen, um wieder etwas Beinfreiheit zu bekommen:

Durchführung

1. Frag die Besten

Stellen Sie sich jemanden vor, der/die immer eine Idee hat oder einen Ausweg weiß. Das kann eine sehr geschätzte Kollegin sein, eine frühere Vorgesetzte, ein guter Freund, auch ein Charakter aus einer Serie oder einem Film. Wie verhält dieser Mensch sich, gesetzt den Fall, er ist in Ihrer Lage? Beschreiben Sie das so genau wie möglich:

- Wo würden Sie diesen Menschen antreffen?
- Was würde dieser Mensch über Ihre Situation denken?
- Wie würde dieser Mensch sich selbst in dieser Situation beschreiben?
- In welchen Worten würde er das artikulieren?
- Welche Körperhaltung würde dieser Mensch einnehmen?
- Was würde er auf keinen Fall tun?

2. Frag um Rat
Angenommen, dieser Mensch würde Ihnen einen Rat geben: Welcher wäre das?

Hier eine Variante: Stellen Sie sich vor, Sie würden fünf andere Personen bitten, Ihnen entweder einen Rat zu geben, eine Beobachtung mitzuteilen oder einfach eine Idee zu der Situation zu äußern.

Fragen Sie fünf Menschen, von deren Weisheit, fachlichem Können, moralischer Integrität Sie überzeugt sind, Menschen, die Sie aus dem realen Arbeitsleben kennen und deren Tun Sie schon lange schätzen, oder auch andere kluge Menschen, die Ihnen zwar nicht persönlich bekannt sind, von denen Sie aber Bücher und Artikel gelesen, Vorträge gehört haben etc.

3. The Beast in me
Hier zahlt es sich aus, dass dem Menschen eine möglicherweise angeborene oder zumindest frühkindlich durch reichliche Bilderbuchexposition ansozialisierte Tendenz innewohnt, seine Welt zu anthropomorphisieren. Das fängt beim eigenen Haustier an, hört aber hier noch lange nicht auf. Da diese Tendenz ja sowieso schon da ist, können wir sie auch gut nutzen bei der Bewältigung von Schwierigkeiten.

Hier ein Vorschlag: Vergegenwärtigen Sie sich die missliche Situation in allen bunten, schreienden, schillernden Farben und Tönen. Und stellen Sie sich jetzt vor, diese Situation wäre – genau – ein Tier! Mit welchem Tier hätten Sie es zu tun? Und: Was braucht dieses Tier jetzt am dringendsten?

Variante für die Arbeit in der Peerguppe: Lassen Sie eine Kollegin oder einen Kollegen die Anleitung zur Imagination sprechen.

Übung 3: Talentkreis (nach Hagemann u. Rottmann, 2005)

ZIEL: einen ressourcenvollen Zustand unter Einbezug mehrerer Fähigkeiten aufbauen
HILFSMITTEL: Seil oder Hula-Hoop-Reifen oder langer Schal, langes Tuch oder mehrere Tücher
DAUER: ca. 50 Min.

Durchführung

Legen Sie auf dem Boden einen Kreis aus. Hierfür können Sie z. B. ein Seil nehmen, einen Hula-Hoop-Reifen, einen Schal, ein Tuch oder mehrere miteinander verknotete Tücher.

Stellen Sie sich vor den Kreis.

Wählen Sie nun drei Fähigkeiten aus, von denen Sie genau wissen, dass Sie sie haben, auch wenn sie Ihnen im aktuellen Moment nicht zur Verfügung stehen.

Erinnern Sie nun zu jeder Fähigkeit mindestens eine wichtige berufliche Situation, in denen diese hilfreich war.

Treten Sie jetzt in den Kreis. Erleben Sie im Kreis stehend die Situation, in der Ihre Fähigkeit zum Ausdruck kam, mit allen Sinnen:

- Was sehen Sie? (**V**isuell)
- Was hören Sie? (**A**kustisch)
- Was ist Ihre Körperempfindung? (**K**inästhetisch)
- Was riechen Sie? (**O**lfaktorisch)
- Was schmecken Sie? (**G**ustatorisch)
- Wie atmen Sie?
- Welche Temperatur nehmen Sie wahr? (Wärme/Kälte)

Nennen Sie nun innerlich mit freundlicher Stimme die Fähigkeit beim Namen und spüren nach, wie es sich anfühlt, in diesem Kreis zu stehen.

Verlassen Sie nun den Kreis und betrachten Sie ihn von außen. Gibt es Unterschiede in Ihrer Selbstwahrnehmung?

Wiederholen Sie nun den gesamten Ablauf mit den beiden anderen Fähigkeiten.

Treten Sie am Ende erneut in Ihren Talentkreis, nennen Sie innerlich noch einmal die drei Fähigkeiten und beantworten Sie für sich folgende Fragen:

- Wie denken Sie nun über sich als Kollegin/Chefin/Mitarbeiterin/Professionelle?
- Wie denken Kolleg*innen/Klient*innen/Auftraggeber*innen über Sie als Professionelle?

Variante für die Arbeit in der Peergruppe: Ein Mitglied leitet das andere bei der Übung an.

Übung 4: Der Schutzmantel, die Schutzhülle oder eine Tarnkappe voll Kraft[45]

ZIEL: sich abgrenzen können, wenn alles zu viel ist, die Welt zu laut, das Leben zu bunt, die Energie aber zu gering ist … (Ein Schutzraum, eine schützende Hülle, ein Schutzmantel[46] um die eigene Person soll etabliert werden, der Abgrenzung und Wohlbefinden ermöglicht. Der ungetrübte Kontakt zum Draußen bleibt bestehen. Gleichzeitig bestimme ich, was und wie viel von draußen zu mir nach innen gelangen kann und darf. Alles, was zu viel ist, bleibt außen vor.)
HILFSMITTEL: keine
DAUER: ca. 20 Min.

Wenn es draußen stürmt und regnet, Kälte und Schneefall vorhergesagt sind, schützen wir uns ganz selbstverständlich mit Mantel, Jacke, Mütze vor dem Unangenehmen, das auf uns zukommt, uns bedrängt. Die warme Innenseite unsrer Körper wird bewahrt.

Manchmal fühlt man/frau sich besonders dünnhäutig oder angegriffen, dann ist es gut, sich jederzeit von der Außenwelt ein bisschen abschirmen zu können und unter einer schützenden Hülle Deckung zu suchen. So lässt es sich sicher und geborgen durch die Welt gehen.

So eine Schutzhülle ist wie eine Tarnkappe. Niemand außer der Trägerin bzw. dem Träger kann sie von außen sehen und sie verhüllt die Besorgnis, die Unruhe, die Aufregung, weil sie Ressourcen, angenehme Kräfte um die sie tragende Person versammelt.

Durchführung

Strecken Sie – im Stehen oder Sitzen – Ihre Arme vor und um sich aus und stellen sich dabei vor, Sie hätten so etwas wie eine schützende Hülle oder eine Art Tarnanzug um sich herum, worin Sie ganz sicher sind. Spüren Sie hinein, tasten Sie mit den Händen und Armen: Wie viel Platz um sich herum benötigen Sie? Wie groß sollte der Abstand zwischen Ihnen und der Hülle sein?

45 Die Autoren*innenschaft für diese Übung ist vielfältig, z. B. stehen dafür Lydia Hantke und Hans-Joachim Görges (2012), Luise Reddemann (2001) und diverse hypnotherapeutische Wurzeln.

46 Das Schutzmantelmotiv, die Darstellung der Maria, die ihren Mantel schützend über die Gläubigen breitet, stammt aus der (christlichen) bildenden Kunst und findet sich sowohl in der Ostkirche ab dem 12. Jahrhundert als auch in der Westkirche ab dem 13. Jahrhundert in zahlreichen Mariendarstellungen wieder. https://de.wikipedia.org/wiki/Schutzmantelmadonna (17.2.2020).

Wenn Sie mal an die Grenze Ihrer Schutzhülle hintasten: Aus welchem Material könnte die Hülle sein? (z. B. Gummi, Stein, Panzerglas, stabile Gaze, feiner dichter Stoff wie bei einer Gardine? Ist das Material eher schwer oder leicht?) Können Sie das jetzt so spüren?

Nehmen Sie die Grenzen nun nach oben und unten, zu allen Seiten hin wahr? Sollte noch etwas verändert werden? Sollten Zugänge geschaffen, Fenster eingebaut werden?

Wenn Sie sich nun auf den Raum um Sie herum, den Zwischenraum zwischen Ihnen und Ihrer schützenden Hülle konzentrieren: Falls Sie ihn mit einer Farbe versehen wollten, welche wäre dies?

Welche Töne würden dazu passen? Welche Empfindung auf Ihrer Haut? Welcher Geruch? Gibt es etwas, das Sie gern noch in diese schützende Hülle mit hineinnehmen möchten?

Wenn Sie nun so Ihre Füße und Arme den Raum um sich so spüren, ganz in Ihrer Farbe, mit Ihrem Klang, Ihrem Duft – welcher Satz passt zu diesem angenehmen Gefühl der Sicherheit? (Beispiele: »Ich bin«, »Ich nehme mir meinen Raum«, »Gut, dass ich hier bin«, »Ich bin stark«).

Und wenn Sie mit diesem Gefühl der Sicherheit und dem genannten Satz auf die Außenwelt blicken – wie können und möchten Sie ihr gegenübertreten? Mit welchem Satz? (Beispiele: »Ich bin neugierig, was da kommt«, »Ich bin stabil genug, das auszuhalten«, »Ich mach's auf meine Art, andere auf die ihre«).

Nun nehmen Sie noch einmal alles wahr, was um Sie herum ist, die verschiedenen Eindrücke: der Raum, die Hülle in ihrer ganzen Materialität, Ihre Farbe, den Klang, den angenehmen Duft und Ihr wohliges Gefühl. Erfassen Sie diesen, Ihren Schutz mit beiden Händen und führen Sie sie zusammen, ganz vorsichtig. Sie halten einen wertvollen Schatz in Ihren Händen: Ihre ganz persönliche Schutzhülle. Sie können ihn zu jeder Zeit ganz einfach wieder entfalten, ihn mit den Händen in den Raum geben, mit großer Geste oder eher mit einer kleinen, die nur Sie bemerken können. Probieren Sie es aus, nehmen Sie Ihren Schutz überall mit hin, packen Sie ihn aus, wann immer Sie wollen, wann immer Sie ihn brauchen.

Möglicherweise möchten Sie ein Symbol dafür suchen, um diese Imagination zu ankern und sich das Schutzmantelgefühl jederzeit aufrufen zu können.

Übung 5: Arbeiten mit der Affektbilanz (nach Storch u. Krause, 2007)

ZIEL: zu einer Entscheidung kommen
HILFSMITTEL: zwei große Bögen Papier/Flipchartbögen, Stifte
DAUER: ca. 50 Min.

Oft erzeugen »gemischte Gefühle«, also Zweifel zu einem Thema, einer Situation und die daraus entstehenden Fragen – wie »Was soll ich tun?«, »Wie soll ich diesen Sachverhalt verstehen?«, »Wie, wohin mich orientieren?«, »Wie, in welche Richtung soll/möchte ich mich entscheiden?« – Entscheidungsschwierigkeiten, die nicht selten in Entscheidungsparalysen münden, weil – gewohnt, die Dinge nach rationalen Kriterien zu entscheiden – es naheliegend sein könnte, kognitiv orientierte Methoden einzusetzen, um zu einer Entscheidung zu kommen, es werden also Vier-Felder-Tafeln erstellt oder Pro- und Kontralisten geschrieben.

Häufig enden jedoch die Listen im Patt (gleich viele Items auf der Pro- wie auf der Kontraseite) und das Vier-Felder-Schema führt zu neuen Aporien (»Sollte mir der kurzfristig negative Aspekt von A wichtiger sein oder der langfristig positive von B?). Man/frau ist aus Gründen, die sich einer rationalen Letztbegründung entziehen, doch nicht einverstanden mit dem, was die Liste oder das Vier-Felder-Schema ausgeben, der Prozess stagniert, Grübeln wird zum Dauerzustand, »Rumination«, so die Expert*innendiktion, setzt ein.

Das weist darauf hin, dass ein wesentliches Bewertungssystem, mit dem wir Entscheidungen generieren, nicht befragt wurde. Unser emotionales Erfahrungswissen (Damasio, 2004) ist in Hirnarealen lokalisiert, die entwicklungsgeschichtlich viel älter sind als das Großhirn und auch wesentlich schneller, nämlich binnen 200 Millisekunden, Entscheidungen treffen. Signale aus dieser Gegend erreichen uns nicht über den Kopf, sondern über den Körper: Uns ist z. B. beim Gedanken, die Chefin auf der Messe vertreten zu müssen, ganz schwindelig, auch wenn der Kopf sagt »Du kannst das«. Andererseits wird es uns ganz warm ums Herz bei der Vorstellung, die Präsentation selbst halten zu können, und beim Gedanken, möglicherweise demnächst als Freelancerin das Glück zu suchen, stockt uns zwar kurz der Atem, aber der Gedanke fühlt sich so viel besser an, als morgen wieder die immer gleichen Routinen mit den immer gleichen Kolleginnen und den immer gleichen Klient*innen zu erleben etc.

Nach Maja Storch und Frank Krause (2007) ist eine gute Entscheidung eine, die beide Seiten, Kopf und Bauch, ausreichend berücksichtigt und bei der Verstand und Bauchgefühl in Einklang sind.

Hier bietet sich die Arbeit mit der Affektbilanz an: Sie fokussiert anstelle der nur verstandesmäßigen, sprachlich organisierten Auseinandersetzung mit Themen auf das unbewusste Bewertungssystem von Situationen, rekurriert auf somato-affektive Marker, bemüht die gefühlsmäßigen »Pi x Daumen«-Einschätzungen im Sinne einer globalen Einheitswährung, greift jene seltsamen, entweder diffus unangenehmen oder diffus guten Gefühle auf, die in Comics lautsprachlich als »Grmpfl« bezeichnet werden und für die (erst mal) keine treffenden Worte zur Verfügung stehen.

Kernstück der Affektbilanz bildet die Verwendung zweier Skalen von 0–100, wobei die eine negative, die andere positive Gefühle markiert. Der Gedanke dahinter: Gemischte Gefühle, Zweifel, diffuses Unbehagen, seltsames Kribbeln sind stets durch die gleichzeitige Existenz positiver und negativer Affekte gekennzeichnet, wobei insbesondere das Mischungsverhältnis interessiert: Gin-Tonic oder Chai-Latte in differenten Versionen, wenn man so möchte.

Hier noch einmal kurz etwas Theorie: Ausgangspunkt für die beiden Skalen sind zwei unterschiedliche Motivationssysteme, nämlich Annäherung versus Vermeidung. Beide waren entwicklungsgeschichtlich überlebenssichernd, sonst hätten wir sie nicht: Während das eine dafür sorgte, dass wir vor dem Säbelzahntiger wegliefen, ließ uns das andere mehr von den Bäumen mit den schönen rotgelben, knackigen Früchten pflanzen. Hier Angst, Vermeidung, auch Ekel, dort Zuwendung, Bejahung, Freude, Zufriedenheit.

Angesichts der beiden visuellen Analogskalen ergeben sich also vier Extrempositionen:

- Position a: Negativ geht gegen 100, positiv gegen 0, d. h., es ist eindeutig negativ, damit ist die Entscheidung klar.
- Position b: Dasselbe gilt für negativ gegen 0 und positiv gegen 100, d. h., es ist eindeutig positiv, Entscheidung ebenso klar.

- Position c: Negativ und positiv sind beide in Richtung 100, d. h., es gibt eine maximale Ambivalenz, die Entscheidung ist maximal unklar.
- Position d: Negativ und positiv sind beide eher bei 0, d. h., es gibt eine maximale Indifferenz. Hier muss nichts entschieden werden, wie es kommt, ist es ok.

Jetzt zu den interessanten Varianten, denen, die die gemischten Gefühle produzieren, mit denen man/frau dann zwischen den Stühlen sitzt.

Durchführung

1. Formulieren Sie Ihr Thema, malen Sie eine vertikale Skala auf das Papier/den Flipchartbogen, die von 0–100 reicht, mit 0 unten beginnend. Tragen Sie relativ spontan auf der Skala auf, wo Sie sich affektiv aktuell verorten. Hat Ihr Thema zwei Aspekte, so benötigen Sie zwei Skalen. Wenn das Thema z. B. ist: »Soll ich das Angebot meines Trägers annehmen, im neuen Bereich die Geschäftsführung zu übernehmen?«, so benötigen Sie hierfür nur eine Skala, weil Sie keine Entscheidungsalternativen zu klären haben. Wenn das Thema hingegen ist: »Soll ich mich für eine Praxisgründung entscheiden oder in meiner Klinik die mir angebotene oberärztliche Position anstreben«, dann haben Sie es mit zwei Entscheidungsalternativen zu tun.
2. Generieren Sie nun Hypothesen zur Verteilung der Punktwerte, der emotionalen Währung, indem Sie Ihre somatischen Marker durchscannen: Wo hat es »Bingo«, »Zong« gemacht, an welcher Stelle mussten Sie innerlich lächeln, wurde es Ihnen warm ums Herz, ist es Ihnen kalt den Rücken heruntergelaufen, haben Ihnen die Knie gezittert, hat der Zahn getropft … Und wenn ja, warum war das so? Schreiben Sie nun die Hypothesen neben die Skala bzw. die Skalen.
3. Nehmen Sie nun den für Sie aktuell wichtigsten Themenpunkt heraus, den, bei dem Ihre somatischen Marker die größten Ausschläge gezeigt haben, und erstellen Sie damit eine neue Affektbilanz.
4. Auch hier wieder erneute Hypothesengenerierung, also die Beschäftigung mit der Frage: Wie kommt's dazu? Wer und/oder was spielt eine Rolle?

5. Jetzt kommt die Affektzielbestimmung, d. h. die Frage: Wie müsste sich die Bilanz verändern, sodass ich damit leben könnte? Diese Frage werden Sie für sich auf der Basis Ihrer sonstigen Entscheidungsgewohnheiten, Ihres Temperaments, Ihres Erfahrungswissens klären können. Dem einen genügt schon das Verhältnis 65 : 35 die andere kann erst bei 90 : 10 eine eindeutige Tendenz erkennen.
6. Jetzt können Sie sondieren, welche Schritte in die gewünschte Richtung führen. Dies können Schritte sein, die sich eher auf Ihre Innenwelt beziehen (»Kann/sollte ich meine Einstellung zu diesem Aspekt ändern?«) oder in der Außenwelt verortet sein (»Sollte ich um ein Personalgespräch bitten, Kolleginnen ansprechen, eine Arbeitszeitverkürzung erwägen …«).
7. Sie können auf dieser Basis nun – falls nicht längst schon alles sonnenklar ist und sie entspannt einen Gin-Tonic, ein Chai Latte trinken – einen erneuten Affektbilanzcheck durchführen und Handlungsschritte planen.

Storch und Krause finden übrigens, die Affektbilanz ließe sich auch am Abend in der Hotelbar mit mäßigem Alkoholgenuss durchaus gewinnbringend einsetzen, vor allem mit Fremden. Sie sind in der Regel unbefangener bei der Entwicklung von Hypothesen, ungewöhnlichen Handlungsideen, schützen die Fragestellenden vor allzu viel Wohlwollen und freundlich gemeinter Zurückhaltung. Sie trauen sich und muten manchmal einfach mehr zu.

Variante für die Peergruppe: Ein Mitglied befragt das andere zu seiner Affektbilanz.

Übung 6: Dream-Team – meine Unterstützer*innen in schwierigen Fällen

ZIEL: den inneren Dialog in Entscheidungssituationen transparent machen
HILFSMITTEL: Figuren (z. B. Playmobil®)
DAUER: 60 Min.

Diese Übung hat eine Mutter und einen Vater: Entwickelt hat sie wohl Virginia Satir mit dem Ziel, die eigenen inneren Anteile, die das Denken, Fühlen und Handeln organisieren, besser zu verstehen. Als »Parts Party« hat Satir sie in der Gruppentherapie eingesetzt. Die Klientin wählt verschiedene Gruppenmitglieder aus, die einzelne ihrer inneren Anteile und Eigenschaften spielerisch übernehmen und als solche miteinander in Kontakt treten (Mohl, 2006, S. 34 f.).

Als Vater der Übung könnte man den Hamburger Psychologen Friedemann Schulz von Thun (1998) bezeichnen. In der Metapher vom »inneren Team«, übernommen von Satirs »Parts Party«, soll sich die Pluralität verschiedener Persönlichkeitsanteile zeigen. Bei schwierigen Entscheidungen, so Schulz von Thun, lassen sich die bislang unbewusst ablaufenden inneren Entscheidungsprozesse mittels dieser Metapher sehr gut sichtbar machen.

Im ersten Schritt werden hier die vorhandenen Teammitglieder identifiziert. Das gelingt leicht bei den eher lauten, den laut-kritischen (»Das geht doch gar nicht, was soll denn da XY denken und sagen!«); den laut-euphorischen (»Super, so machen wir es, das wird ganz großartig!«); denjenigen, die immer alles kommentieren (»Ich habe es ja gleich gesagt, das ist nur, weil …«); denjenigen, die sich sofort und supergut abgrenzen (»Ich bin raus hier«); denjenigen, die stets Verantwortung übernehmen (»Ok, mache ich, bis wann soll es vorliegen?«); und denjenigen, die sowieso immer denken, sie wüssten, wie es geht (»Alles klar, ich weiß schon, wie wir das machen können«).

Die stillen Zurückgezogenen, die vielleicht schon resigniert haben, die denken, dass eine eigene Meinung vielleicht gar nicht erwünscht ist, die müde sind vom Kämpfen oder einfach nicht so gern im Mittelpunkt stehen wollen, müssen hingegen erst einmal auf die Bühne gebeten werden, damit der Teamleiter/die Teamleiterin sie aktiv befragen kann nach ihrer Meinung.

Wichtig ist auch hier, dass alle Anteile/Teammitglieder zu Wort kommen können und miteinander reden können.

Durchführung

- Stellen Sie sich eine konkrete situative Herausforderung vor.
- Wählen Sie nun für jeden Ihrer inneren Anteile, die dabei hilfreich sein könnten, eine Figur aus (Playmobil® o. Ä.).
- Wählen Sie jetzt eine Figur für sich selbst als Teamleitung und gruppieren Sie Ihr Dream-Team um diese herum, je nachdem, wie der jeweilige Abstand zu den Anteilen/Teammitgliedern für Sie stimmig ist.
- Wer und was im Team stärkt, unterstützt und ist hilfreich?
- Wer positioniert sich eher kritisch? Können Sie das ebenfalls würdigen oder ist es nur störend?
- Spielen diesmal manche Anteile eine Rolle, die Ihnen bis dato unbekannt war? Wie werden Sie damit umgehen?
- Was sagen Ihnen die kritischen Anteile?

Als Variante können Sie, ebenfalls mittels Avataren in Playmobil®form oder mit anderen Figuren, Ihr reales Unterstützer*innenteam aufstellen: Angenommen, Sie planten, den Kilimandscharo zu besteigen: Wen wünschten Sie sich dabei unbedingt mit im Expeditionsteam? Stellen Sie um eine Figur herum, die Sie selbst als Expeditionsleiter*in verkörpert, dieses Unterstützer*innenteam auf und lassen Sie die Teammitglieder zu Wort und miteinander ins Gespräch kommen.

Übung 7: Assoziation, Dissoziation und zurück – wenn es nicht so läuft, wie es laufen soll

»When too perfect, lieber Gott böse.«
Nam Jun Paik

ZIEL: Aussteigen aus Hochstresssituationen
HILFSMITTEL: keine
DAUER: Das geht ganz schnell!

Aus dem früher sehr beliebten Genre der sog. »Romcom« (romantic comedy) stammt der Film »One Fine Day«, zu Deutsch »Tage wie dieser« mit George Clooney und Michelle Pfeiffer (der fast 25 Jahre alte Film von 1996 hat sich ganz gut gehalten und ist immer noch auf einem bekannten Streamingportal aufrufbar). Beide sind als »High Performer« in New York unterwegs, sie als Architektin, er als investigativer Journalist, beide müssen durch eine Verkettung unglücklicher Umstände den ganzen Tag ihr Business mit den Kindern im Schlepptau bewältigen und finden sich permanent in Situationen wieder, die sie wünschen ließen, dass dieser Tag doch aus dem Kalender gestrichen werden solle.

Was also tun, wenn es nicht so gut läuft, wenn Sie den Eindruck haben, dass Sie schon den ersten Termin nicht ausreichend vorbereitet haben, der zweite schwierig zu werden droht und Sie eigentlich mit dem Kopf und mit dem Herz ziemlich weit weg sind?

Aus für Sie klar ersichtlichen guten Gründen haben Sie sich aber dazu entschieden, dass sie arbeitsfähig sind. Niemand kann Sie heute vertreten oder Sie sind in Sorge, Ihre Klientinnen und Klienten könnten Ihnen Ihre Abwesenheit verübeln oder zumindest sehr enttäuscht sein. Möglicherweise haben Sie gerade heute einen wichtigen Termin, bei dem Sie keinesfalls fehlen können. Der Tag muss also als Arbeitstag gelebt werden, und zwar idealerweise so, dass Sie sich am Abend freundlich mit einem guten Gefühl »Gute Nacht!« sagen können.

So könnte es gehen: Wechseln Sie Ihren Bewusstseinszustand, und zwar von »assoziiert« nach »dissoziiert«. Dissoziiert sein ist hier ausnahmsweise ein erwünschter Zustand, nämlich der, der Sie klaren Blickes durch den Tag lotsen kann. Die Begriffspaare »assoziiert« und »dissoziiert« stammen aus dem NLP und bezeichnen verschiedene Wahrnehmungszustände (Dilts, 1993).

Im *assoziierten Zustand* sind Sie voll und ganz im Hier und Jetzt und eins mit sich und der Situation. Schöner Zustand, wenn die Situation angenehm ist, aber anstrengend bis unerträglich, wenn genau das nicht der Fall ist, wie jetzt bei Ihnen. Sich mit Schmackes zu assoziieren mit der Arbeit wäre super, geht aber gerade jetzt nicht, weil akut und aktuell tausend Gedanken durch Ihren Kopf jagen, die Ihre privaten und andere Belange betreffen.

Mit all Ihren sonst laufenden Themen sind Sie bereits schon so assoziiert, dass Sie Zweifel plagen, ob Sie heute überhaupt jemandem beruflich nützlich sein können. Diese Gedanken erzeugen erheblichen Stress in Ihnen, der sich z. B. in Grübeln, Selbstabwertung, Denkhemmungen und Erstarrung äußert.

Für solche Situationen hat Ihr Organismus einen Notfallknopf erdacht, der seinen Besitzer, ob er will oder nicht, immer dann, wenn er von unerträglichen Gefühlen geflutet wird, hinwegbeamt in einen Zustand der Dissoziation. Im *dissoziierten Zustand* sind Sie ein*e Zuschauer*in in Ihrem eigenen Stück, haben Abstand zum Geschehen und sind emotional nicht involviert.

Durchführung

Und anstatt nun zu warten, bis der Notfallknopf automatisch blinkt, betätigen Sie ihn dann, wenn Sie es für nötig halten, also »not only in case of emergency«, sondern jetzt! Das heißt, Sie begeben sich aktiv in den Zustand der Dissoziation. Weil gerade jetzt so eine Situation sich anbahnt, die einen mentalen »Overload« mit einem blinkenden Notfallknopf auslösen könnte.

Wie viele parallel laufende Denkprozesse aktuell in Ihnen ablaufen, wissen nur Sie, aber es sind vermutlich ziemlich viele: Der Freundin, die einen Rat braucht im Beziehungsstress, müssen Sie schnell schreiben, dass Sie erst später Zeit haben für ein Telefonat; auf dem Diensthandy ist die Kollegin, die unbedingt wissen muss, ob beim nächsten Gespräch mit Frau Z. deren Partner mit anwesend sein sollte; und eigentlich müssen Sie noch ein Geburtstagsgeschenk besorgen; und ob das Kind allein zu Hause selbstständig lernt, ist auch eine unbeantwortete Frage. Oh, und natürlich sitzen Sie bei all diesen Aktivitäten nicht auf dem heimischen Sofa, sondern federn im Laufschritt von der U-Bahn zum Bus, den Sie auf keinen Fall verpassen dürfen, sonst ist der Termin bei der Zahnärztin perdu, weil die dann andere vorzieht, und Sie ja danach noch Kind 2 vom Training abholen müssen. Es ist also ein ganz normaler Mittwoch. Ihr Gehirn fährt Karussell und Ihnen ist schon ganz schlecht, Sie haben vielleicht Kopfschmerzen, Herzrasen, Schweißausbrüche. Sie können sich kaum eine Sekunde auf einen Gedanken fokussieren, weil ja schon der nächste und übernächste gedacht werden will.

Ein guter, ein idealer Moment also, zu dissoziieren und sich selbst von außen beim »Multitasking« zuzusehen. Dies gelingt am leichtesten, wenn Sie auch räumlich einen Positionswechsel vornehmen, z. B. den Sitzplatz (im Büro, am häuslichen Schreibtisch, im ÖPNV) wechseln. Ist das nicht möglich, weil Sie gerade auf dem Fahrrad oder im Auto sitzen, können Sie den Wechsel von einem in den anderen Modus akustisch markieren, z B. indem Sie sich räuspern, tief und laut ausatmen oder ein verbales Signal benutzen.

Moment mal, Multitasking gibt es ja gar nicht – hatte eine Supervisandin festgestellt –, wir tun nur so, also ob wir Dinge gleichzeitig machten, aber eigentlich machen wir sie hintereinander, weil Zeit nun mal eine analoge Veranstaltung ist. Ich sollte also besser gleich »Monotasking« betreiben, schlussfolgerte die Kollegin. Das ist auf jeden Fall eine gute Idee. Die Kollegin hatte noch einige andere gute Ideen zum Dissoziieren:

1. Am Anfang stehen die Bilanzen

Hier wäre Folgendes festzustellen und zu tun:

- Bilanzieren Sie Ihr aktuelles Stressniveau auf einer Skala von 0–100, wobei der Bereich zwischen etwa 20 und 50, je nach Temperament, der ist, in dem es sich mit dem nötigen Drive gut arbeiten lässt. Ab 70 hat man/frau erhebliche Schwierigkeiten, klar zu denken und Entscheidungen zu treffen, die konsensfähig sind, weil dann das Reptiliengehirn dem Großhirn das Steuerrad aus der Hand genommen hat. Ab da geht es quasi nur noch um Kämpfen oder Flüchten mit den entsprechenden körperlichen Effekten. Wir müssen also sehr deutliche, auf der körperlichen

Ebene wahrnehmbare Signale setzen, um uns selbst erreichen zu können.[47]

- Scoren Sie bei > 70, funktionieren eigentlich nur noch körperbezogene Übungen, um den Akutstress zu reduzieren, z. B. Atemübungen, Klopfen, 5-4-3-2-1-Übung[48].
- Haben Sie damit Erfolg und können sich von außen wieder als klar denkende Person wahrnehmen, so können Sie zu Punkt 2 gehen.
- Haben Sie damit (noch) keinen Erfolg, bilanzieren Sie bitte erneut und wenden evtl. eine andere Übung an, z. B., wenn Sie vorher geklopft haben, jetzt die 5-4-3-2-1-Übung. Bei Erfolg gehen Sie zu Punkt 2. Gelingt es Ihnen nicht, Ihr Stressniveau dadurch zu senken, fragen Sie sich bitte, was schlimmstenfalls passieren würde, wenn Sie an diesem Punkt den Signalen, die Ihr Körper sendet, folgen würden.

2. Bilanzierung mit Worten
Fragen Sie sich:
- »Was brauche ich jetzt?«
- »Was habe ich schon?«
- »Kann ich das, was ich noch brauche, realistischerweise erreichen?«

Manchmal sind es Kleinigkeiten, wie 5 Minuten Pause, ein Kaffee, ein Telefonat mit einem sehr netten vertrauten Menschen, mal kurz sich bewegen, eine Prioritätenliste für den Tag anfertigen.

3. Eine guten Plan machen
Machen Sie sich dann einen Plan, in den Puffer integriert sind. Halten Sie sich an Ihre Prioritätenliste: Was *muss*, was *kann?* Aller Wahrscheinlichkeit nach werden die Puffer gebraucht, weil selten

---

47 In der dialektisch-behavioralen Therapie, DBT, spielen Selbstregulationstechniken – hier »Skills« genannt – auf der Basis dieses Scorings eine große Rolle.

48 Hypnosetechnik von Betty Alice Erickson, die von Yvonne Dolan für die Traumatherapie abgewandelt wurde. Wenn Sie diese Techniken nicht kennen, können Sie dazu ein Video ansehen: https://www.youtube.com/watch?v=T7Fxp7GwYcs (28.7.2020), ebenso finden Sie im Netz zahlreiche Videos, die die 5-4-3-2-1-Technik erklären, z. B. https://www.youtube.com/watch?v=dqAX5aqQ9Pg (28.7.1020).

immer alles wie geplant läuft. Sollten die Puffer nicht für eine arbeitsbezogene Sache benötigt werden, umso besser: Eine Kugel Eis zu essen oder drei Seiten im mitgeführten Buch zu lesen, schafft eine kleine Insel des Wohlbefindens.

4. Störquellen sehen und abstellen
Identifizieren Sie das, was die Fokussierung auf die aktuelle Aufgabe verhindert, und versuchen Sie, die Störquelle wenn möglich abzustellen, z. B. das private Mobiltelefon.

5. Selbstfreundlichkeit
Wenn Sie sich so von außen bei Ihren Balanceakten zusehen, tun Sie es voller Selbstfreundlichkeit und geben Sie sich Anerkennung für das aktuell zu Leistende. Wem das schwerfällt, der blicke bitte mit den Augen einer wohlmeinenden Person auf sich und stelle sich vor, was diese Person zurückmelden würde.

6. Blick auf die eigene Zeitdimension
Jetzt noch ein bisschen innere Bewegung: Blicken Sie vom Hier und Jetzt, also Ihrer aktuellen, nun hoffentlich etwas weniger stressigen Situation zurück in die nähere (gestern) und fernere (vor einigen Wochen oder Monaten) Vergangenheit. Gehen Sie von dort wieder ins Hier und Jetzt und nehmen Sie von da wiederum Ihre Zukunftsvisionen, die näheren (der morgige Tag) und die ferneren (Ihr Berufsleben in einigen Wochen/Monaten) in den Blick.

So wird sichtbar, dass alle unsere Lebensbereiche konjunkturellen Schwankungen unterworfen sind, stets oszillieren wir sowohl privat wie auch beruflich zwischen einmal sehr intensiven und dann wieder weniger intensiven Zuständen. Diese Erkenntnis gibt Anlass zur Hoffnung, dass auch der aktuell als sehr stressig empfundene Zustand wieder einem entspannteren weichen wird.[49]

49 Dieser Gedanke lässt sich noch weiter ausbauen: Oszillationen im Sinne von bestimmten zeitlichen Schwankungen bilden die Basis unserer physiologischen Existenz: sei es der Herzschlag, der Schlaf, der Atem, die Augenbewegungen, die Darmmotilität, die Hormonsekretion etc. So sind wir denn auch, was ebenfalls messbar ist, in Bezug auf psychische und emotionale

Verorten ist ein Grundgefühl: Systemische Strukturaufstellungen

»Was wohl daran liegt, dass wir von klein auf daran gewöhnt sind, soziale Beziehungen als räumliche Beziehungen zu erleben.«
Peter Schlötter (2005)

Das Format der Systemischen Strukturaufstellungen wurde von Insa Sparrer und Matthias Varga von Kibéd als eine Fortentwicklung der Familienaufstellungen nach Hellinger kreiert. Anders als bei Familienaufstellungen geht es hier um die Strukturaufstellung von Systemen aller Art, innere (z. B. Glaubenspolaritätenaufstellungen, Tetralemmaaufstellungen, Körperstrukturaufstellungen) wie äußere (Problemaufstellungen, Drehbuchstrukturaufstellungen, Organisationsaufstellungen, Aufstellungen von zwischenstaatlichen Konflikten).

Im Unterschied zu Bert Hellinger, der als »Gottvater« den allwissenden Aufstellungsleiter mit Deutungshoheit gab, ist in dieser Variante die Aufstellungsleiterin eher als Aufstellungsbegleiterin, allenfalls kooptierte Prozessgestalterin, gefragt. Ein weiterer Unterschied besteht darin, dass nicht nur Menschen, sondern auch Teile von diesen (z. B. bei Organaufstellungen, Körperstrukturaufstellungen) sowie Abstraktes (z. B. Hindernisse, künftige Aufgaben, »die Personalabteilung«) aufgestellt werden können.

Gemeinsam ist allen Aufstellungsformaten, dass Personen jeweils als Repräsentant*innen die jeweiligen Systemelemente in der Aufstellung verkörpern.

Während Hellinger für sich allein beanspruchte, zu wissen, wer wie an welchem Platz stehen müsse, damit ein (für ihn akzeptables und seinen normativen Vorstellungen genügendes) Lösungsbild entstehe, wird in der Systemischen Strukturausstellung die Rückmeldung der Repräsentant*innen darüber, wie es ihnen an ihrem Platz aktuell geht, welche Veränderungswünsche und andere Impulse sie verspüren – die »repräsentierende Wahrnehmung« (Sparrer u.

Qualitäten eher undulierend gestimmt: mal ziemlich gut gelaunt, mal eher bedrückt, mal voller Energie, mal mit weniger Antrieb ausgestattet, mal dauermüde, mal knallwach etc.

Varga von Kibéd) – direkt von der Aufstellungsbegleitung für ein mögliches Lösungstableau utilisiert als sog. »Stellungsarbeit«. Mit probeweiser Umstellung wird getestet, wie sich die Veränderung auf das Erleben der anderen Repräsentant*innen auswirkt.

Neben dieser »Stellungsarbeit« ist die »Prozessarbeit« das zweite Instrument. Die Repräsentant*innen werden gebeten, bestimmte Sätze zu sprechen und/oder Rituale durchzuführen, woraufhin dann wiederum die Auswirkung dessen auf das Feld getestet wird. Um nicht zum autoritären Lenker von Sprache und Handeln im Hellinger'schen Sinn zu werden, sollte die Aufstellungsleitung aber nur dann in die Prozessarbeit einsteigen, wenn die explizit artikulierten Rückmeldungen der Repräsentant*innen dazu einladen.

Warum nun wirkt dieser Ansatz? Und was wirkt konkret? Tatsache ist, dass »es« wirkt, das belegen Studien (z. B. Schlötter, 2016; Weinhold, 2013). Peter Schlötter sieht eine Art Symbolsprache am Werk, die darauf beruht, dass wir Menschen es gewohnt sind, soziale Beziehungen über räumliche Begriffe zu versprachlichen und zu erleben (Schlötter, 2005). Zum Beispiel sprechen wir, so Schlötter, davon, dass jemand hinter uns steht, oder wir wenden uns jemandem zu oder weichen vor jemandem zurück.

Sparrer und Varga von Kibéd nennen es »repräsentierende Wahrnehmung«, Hellinger raunt ontologisierend vom »wissenden Feld« in Übertragung von Rupert Sheldrakes biologischer Hypothese von »morphogenetischen Feldern« auf soziale Systeme, bei C. G. Jung hieß es »kollektives Unbewusstes«.[50] Schlötters Forschung zufolge meldeten alle Proband*innen, die in einer bestimmten Figurenkonstellation standen, Ähnliches zurück in Bezug auf ihr inneres Erleben dort. Schlötter schlussfolgert, dass wir alle die gleiche Symbolsprache sprechen, zumindest in Bezug auf unsere Verortung und das Sich-in-Beziehung-Setzen zu anderen im Raum.

Und vielleicht ist das auch schon die einzige und ausreichende Erklärung. Dann gäbe es möglicherweise doch eine Art Universalgrammatik, jedoch als vorsprachliche, leibliche.

---

50 Die drei Letzteren gehen dabei von Grundmustern im Sinne von biologischen und/oder anthropologischen Tatsachen aus, was meines Erachtens die innere und äußere Flexibilität lebender Systeme geringschätzt und damit die Varianten möglicher Lösungen unnötigerweise einschränkt.

Übung 8: Basisvariante Strukturaufstellung

Dieses Tool verdankt sich einem mündlichen Hinweis Heiko Kleves, dass eine Systemische Strukturaufstellung schon mit einigen wenigen Elementen eine hohe Aussagekraft hat. Das leuchtet ein, soll sie doch wie eine Sprache (Sparrer u. Varga von Kibéd, 2000, S. 163 ff.) fungieren mit einer eigenen Grammatik und Semantik.[51] Solange basale Regeln befolgt sind, ist Sprache ja unabhängig vom Grad ihrer Komplexität prinzipiell verstehbar. Zum Beispiel kann ich sagen: »Gerne würde ich am Wochenende bei diesem tollen Frühlingswetter endlich einmal wieder einen längeren Waldspaziergang machen.« Diese Absicht lässt sich aber auch in einem restringierteren Sprachduktus problemlos so zur Sprache bringen: »Am Wochenende gehe ich zwei Stunden in den Wald.« Beim Hörenden kommt in beiden Fällen an, dass da ein Ich ist, welches am Wochenende einen Waldspaziergang machen möchte.
Entsprechend können Sie Systemische Strukturaufstellungen in maximal elaborierten Formaten durchführen, was bei manchen Fragestellungen sicher erforderlich ist. Es ist aber auch, ausgehend von einem umschriebenen Problem, eine Basisvariante möglich, wie sie hier gezeigt wird.

ZIEL: eine Lösung für ein umschriebenes Problem finden
HILFSMITTEL: 4 Bodenanker (DIN-A4-Blätter, Reifen, Moderationskarten)
ZEIT: ca. 30 Min.

Durchführung
Beschreiben Sie eines der Blätter mit »Fokus«. Das sind Sie als Problembesitzer*in, ein weiteres mit »1. Ressource« und das nächste mit »2. Ressource«. Auf das letzte Blatt schreiben Sie »Ziel«.

- Jetzt wählen Sie für alle Teile Plätze im Raum: Suchen Sie als Erstes für sich selbst als »Fokus« einen Platz im Raum. Prüfen Sie, ob die Stelle, an der Sie stehen, sich stimmig anfühlt. Legen Sie dann auf diese Stelle das mit »Fokus« beschriebene Blatt und markieren darauf noch mit einem Pfeil, in welche Richtung Sie blicken. Auf die gleiche Weise verfahren Sie nun mit dem »Ziel« und den beiden Ressourcen.
- Stellen Sie sich jetzt auf den »Fokus« und nehmen von hier aus mit allen Sinnen wahr, wie es Ihnen an diesem Platz geht. Nehmen Sie auch mögliche Wünsche und Impulse wahr. Ebenso spü-

51 Die Grammatikmetapher meint hier, dass Systemische Strukturaufstellungen bestimmten Grundannahmen und Metaprinzipien folgen, so wie gesprochene Sprache eben auch.

ren Sie diesen jetzt auf den Plätzen von »Ziel« und den beiden »Ressourcen« nach.

- Im nächsten Durchgang werden alle Elemente entsprechend Ihren Rückmeldungen umgestellt. Stellen Sie sich wieder der Reihe nach, beginnend mit dem Fokus, auf alle Plätze und spüren Sie nach, was diese Veränderung auslöst.
- Stellen Sie erneut alle Elemente um, falls diese es in Ihren Rückmeldungen indiziert haben.
- Stellen Sie sich jetzt noch einmal auf die Plätze von Fokus, Ziel und Ressourcen.

In den meisten Fällen haben sich zwei bis maximal drei Runden Stellungsarbeit als ausreichend erwiesen.

Wenn das Lösungstableau so für Sie stimmig ist und Sie neue Ideen gewinnen konnten, beenden Sie die Aufstellung, indem Sie sich z. B. ausschütteln, selbst beim Namen nennen, Ihr Gesicht mit Wasser abwaschen, den Raum wechseln, also einen, oder bei Bedarf auch mehrere, unterbrechenden Reiz setzen.

Übung 9: Die Aufstellung des ausgeblendeten Themas (nach Sparrer u. Varga von Kibéd, 2000)

ZIEL: die dunklen Ecken bei der Problembewältigung ausleuchten
HILFSMITTEL: Bodenanker (Figuren, andere Gegenstände oder einfach DIN-A4-Bögen
DAUER: ca. 30 Min.

Wie auch sonst oft im Leben sehen wir ein Problem und wollen oder müssen es lösen. Oft glauben wir auch zu wissen, wer alles an dem Problem beteiligt ist und was dann besser ist, wenn es gelöst ist. Manchmal ist uns möglicherweise nicht so ganz klar, wer noch alles eine Aktie an dem Problem hat, was das Gute an dem Problem ist und was es bedeuten würde, wenn das Problem gelöst wäre, also welche Aufgaben dann auf uns warten.

Durchführung

Suchen Sie sich drei sogenannte »Bodenanker«. Das sind Gegenstände, die Sie im Raum auslegen, um das Dargestellte/Aufgestellte zu symbolisieren. Das können Gegenstände sein, die aufgrund ihrer Ähnlichkeit tatsächlich das Dargestellte wiedergeben, z. B. eine weibliche Playmobilfigur für Kollegin X, es können aber auch schlicht A4-Blätter sein, auf die Sie das, was Sie darstellen/aufstellen wollen, notieren, z. B. »wiederholte Insuffizienzgefühle im Kontakt mit Kollegin X«, und Sie können auch noch eine weitere Abstraktionsstufe wählen und Ihre A4-Blätter einfach markieren mit »Fokus«, das sind Sie als diejenige, die das Anliegen hat, »mein offizielles Thema« und »mein ausgeblendetes Thema«. Ohnehin ist Letzteres sowieso das, was Sie herausfinden wollen, lässt sich also schlecht im Vorgriff auf das noch unbekannte Ergebnis bereits konkretisieren.

- Markieren Sie die jetzt alle drei Positionen mithilfe der von Ihnen gewählten Bodenanker im Raum: den »Fokus«, denjenigen, der das Anliegen hat, also Sie als Problembesitzer, »das offizielle Thema«, »das ausgeblendete Thema/das, worum es eigentlich auch noch geht«. Beginnen Sie mit dem Fokus und legen dann der Reihe nach zügig die anderen Positionen aus.
- Stellen Sie sich nacheinander auf jeden dieser drei Plätze (z. B. in die Schuhe, vor die Kärtchen) und spüren Sie Ihren Gefühlen,

Körperempfindungen und Impulsen nach: Welche Stimmung hat sich eingestellt? Wo im Körper haben Sie besonders intensive Gefühle? Fühlen Sie zu einem der anderen Teile eine besonders starke Beziehung? Gibt es Handlungsimpulse, die Sie bei sich wahrnehmen?
- Stellen Sie in der folgenden Runde alle Teile gemäß den wahrgenommenen Informationen um. Was hat sich geändert? Fehlt noch ein Teil? Falls ja, stellen Sie einen weiteren Aspekt dazu mit dem Titel »das, was fehlt«.
- Spüren Sie auch hier wieder allen Gefühlen, Wünschen, Empfindungen nach und stellen Sie gegebenenfalls erneut Teile um.

Beenden Sie die Aufstellung, wenn sich alle Teile neutral bis gut fühlen (erfahrungsgemäß nach bis zu drei Runden) und »Entrollen« Sie sich wie in Übung 8 mit Schütteln, Abklopfen, kaltem Wasser ins Gesicht …

Übung 10: Kleine innere Dilemmaaufstellung (nach Sparrer u. Varga von Kibéd, https://www.youtube.com/watch?v=qD1Se1d3h9g)

ZIEL: Aktivieren von Suchprozessen und Prüfung, ob eine aktuelle Dilemmasituation im Zusammenhang stehen könnte mit ähnlichen anderen gegenwärtigen oder vergangenen Erfahrungen
HILFSMITTEL: keine
DAUER: ca. 20 Min.

Durchführung

- Nehmen Sie eine aufrecht sitzende, angenehme und fokussierte Haltung ein.
- Wählen Sie jetzt spontan drei Buchstaben (oder auch Zahlen, Ziffern, Farben, falls hier eher Ihre Präferenzen liegen) aus und benennen Sie einen davon als Repräsentanten für Sie selbst.
- Wählen Sie nun innerlich *ein* Dilemma, in dem Sie derzeit stecken.
- Wählen Sie sodann den einen der beiden verbleibenden Buchstaben für die eine Seite des Dilemmas, den anderen für die andere Seite.
- Blicken Sie jetzt vom Standpunkt des Repräsentanten aus auf die beiden Alternativen.
- Wenden Sie sich dann der ersten Alternative zu: Wo im Körper ist diese verankert, wenn sie angesehen, erinnert wird? Gehen Sie innerlich durch Ihren Körper und lokalisieren Sie die erste Alternative in Ihrem Körper, wandern Sie von der Stirn über den Hals zum Brustkorb, nehmen Sie Herzschlag und Atmung wahr, gehen Sie dann weiter zum Solarplexus, den Armen, Händen, Beinen, Füßen.
- Setzen Sie dann einen »Separator«[52], indem Sie sich die Hände reiben und mit ihnen über Ihr Gesicht streichen.

52 Der »Separator« ist ein Unterbrecher. Er wird zur Unterbrechung eines Denkprozesses oder Gefühlszustands angewendet, entweder um zwei Zustände (meistens »Stuck State« und »Ressource State«) klar voneinander zu trennen oder einfach um die Aufmerksamkeit in die Gegenwart zu lenken. Separatoren können über jeden Sinneskanal gesetzt werden: Gesten, Geräusche,

- Betrachten Sie Ihre zweite Alternative und erkunden Sie auch hier deren Verankerung im Körper.
- Setzen Sie jetzt wieder einen Separator.
- Wenn Sie nun erneut zu Ihrer ersten Alternative blicken: Zu welcher Phase im Leben hätte sie am besten gepasst? Was von Ihnen aus welcher Zeit finden Sie darin wieder? Welches Lebensalter verkörpert diese Alternative?
- Atmen Sie jetzt tief durch und blicken dann zur zweiten Alternative: Was aus Ihrer Lebensphase, Ihrer Geschichte passt mehr zu dieser Alternative? Welches Lebensalter verkörpert sie?
- Setzen Sie erneut einen Separator.
- Wenn Sie jetzt wieder den Blick auf die erste Alternative wenden: Gibt es jemand aus Ihrem Familiensystem oder eine bestimmte Gruppe, der Sie angehören/angehörten, woran Sie diese Alternative erinnert?
- Setzen Sie jetzt wieder den Separator.
- Mit Blick auf die zweite Alternative: Gibt es hier jemanden aus dem Familiensystem oder eine bestimmte Gruppe, an den diese Alternative Sie erinnert?
- Jetzt setzen Sie bitte wieder den Separator.
- Blicken Sie nun letztmalig auf die erste Alternative und fragen Sie sich, welcher Lebenskontext damit verbunden ist.
- Atmen Sie tief durch und schauen Sie noch mal zur zweiten Alternative: Welcher Kontext, welche Beziehungen, welche Interessen sind damit verbunden?
- Mit dem Setzen des Separators kehren Sie nun wieder in die Gegenwart zurück.

Variante für die Arbeit in der Peergruppe: Hier bietet es sich an, dass ein Gruppenmitglied die Anweisungen ausspricht, während der/die Durchführende sich ganz auf das Tun konzentrieren kann.

Worte, Berührung oder Kältereiz, Düfte oder Ammoniakgeruch oder ein unerwarteter Geschmack. Nach https://nlpportal.org/nlpedia/wiki/Separator (28.1.2020).

Ist eine Rose nur eine Rose? Zur Arbeit mit Metaphern

»The world is emblematic. Parts of speech are metaphors,
because the whole of nature is a metaphor
of the human mind.«
Ralph Waldo Emerson (1883/2003, S. 53)

»Soll ich eine Metapher ausstaffieren
mit einer Mandelblüte?«
Ingeborg Bachmann (1968, S. 91)

Haben Sie schon einmal Ihr Limit erreicht, ein totes Pferd geritten oder auf das Falsche gesetzt, den Stier bei den Hörnern gepackt, die Kuh vom Eis geholt?

Wir alle, so die Metapherntheoretiker George Lakoff und Mark Johnson (1996), denken und sprechen in Metaphern, fassen den Sinn unserer Worte, damit unseres Denkens in Sprachbilder, die wir aus unserer physischen und sensorischen (Vor-)Erfahrung ableiten. Damit ist eine Metapher keinesfalls eine tendenziell nützliche, aber im Zweifelsfall entbehrliche hübsche und poetische Sprachgirlande, die wir uns umhängen, wenn wir einmal wieder eine besonders gute Figur machen möchten (Achtung, Metaphern!), sondern ein integraler Bestandteil unserer Alltagssprache und auch unseres fachsprachlichen Vokabulars.[53]

Nach Lakoff und Johnson (vgl. Schmitt, Schröder u. Praller, 2018, S. 4) liegt eine Metapher dann vor,

- wenn ein Wort mehr als (nur) die wörtliche Bedeutung hat;
- die wörtliche Bedeutung aus einem prägnanten Quellbereich stammt;
- diese auf einen abstrakteren Zielbereich übertragen wird.

Hier die von Lakoff und Johnson vorgeschlagene Definition einer Metapher im Original: »The essence of metaphor is understanding

53 Als Systemiker*innen können wir das Tool »Arbeiten mit Metaphern« gleich mehrfach in die Werkzeugkiste legen, weil wir mit dem Herausarbeiten einer Metapher in der Beratung eine Externalisierung vornehmen und häufig auch ein Reframing, nämlich dann, wenn wir mit mehreren Bestandteilen des metaphorischen Konzepts arbeiten.

and experiencing one kind of thing in terms of another« (Lakoff u. Johnson, 1996, S. 3). Erläutern lässt sich das z. B. an der Metapher »sich auf die Reise machen«: Ein konkreter sinnlicher, auch körpernaher Akt, das Reisen, wird übertragen auf einen abstrakten Zielbereich, das (ganze zukünftige) Leben.

Um es etwas komplizierter zu machen, postulieren die Autoren weiter das Vorhandensein von sogenannten »Metaphorischen Konzepten« im Sinne von kulturell spezifischen Wahrnehmungsmustern, wie z. B. das metaphorische Konzept von Liebe als einem »(gemeinsamen) Weg«, das sich in Metaphern wie der »gemeinsamen Reise«, »durch Dick und Dünn gehen«, »am Scheideweg stehen«, den »sich kreuzenden Wegen« etc. äußert (S. 6).

Und noch komplizierter: Dahinter lassen sich in der Regel Schemata[54] identifizieren als Figurationen konkreter sinnlich erfahrbarer allgemeiner Muster der Wahrnehmung (S. 21).

Das erscheint uns selbstverständlich und fällt uns deshalb oft gar nicht weiter auf. Rudolf Schmitt (2016, S. 25) formuliert: »Auch BeraterInnen und TherapeutInnen leben in ihren kaum bewussten metaphorischen Mustern, und qualitative Forschung zeigt, dass metaphorische Kommunikation ein situatives und interaktives Phänomen ist, zu dem alle Teilnehmenden beitragen.« Lakoff und Johnson (1996, S. 3) drücken es in ihrem Standardwerk über Metaphern folgendermaßen aus: »We have found […], that Metapher is pervasive in every day life, not just in language but in thought and action. Our ordinary conceptual system, in terms of which we both think and act, is fundamentally metaphorical in nature.«

Was aber in aller Regel implizit einfach »geschieht«, muss von hoher Sinnhaftigkeit sein, will also erklärt werden.

Rudolf Schmitt (2016) führt mit Bezug auf Lakoff und Johnson, die sich hier wiederum auf Piaget beziehen, aus, dass die grundlegenden Strukturen unseres Denkens, wie z. B. »Er-Leben«, »Be-Greifen«, metaphorischer Art seien und auch einfachste Metaphern für kognitives Prozessieren auf früheste sensumotorische Bildungserlebnisse rekurrierten.

---

54 Sensu Piaget (1980): Schemata sind zu Mustern geronnene Anpassungsversuche, sich die Umwelt zuhanden zu machen.

Ganz en passant wird hier die Geist-Körper-Dualiät außer Kraft gesetzt, wenn postuliert wird, dass alles, was Geist ist, auch Körper ist. Das heißt, Kognition ist im Sinne von Hermann Schmitz' Leiblichkeitsbegriff (Schmitz, 2011) »durch körperliche Erfahrungen metaphorisch vorstrukturiert« (Schmitt, 2016, S. 29).

Wenn wir nun davon ausgehen, dass jede*r einen bevorzugten Wahrnehmungskanal hat, werden nicht alle auf allen Kanälen funken. Der eine wird sein Denken, Tun, Fühlen eher in visuellen Metaphern beschreiben (»Ich blicke nicht mehr durch«, »Ich sehe endlich klar«, »Ich tappe im Dunklen« etc.), die andere eher in akustischen (»Da verging mir Hören und Sehen«, »Ich fühlte mich wie taub«, »Auf diesem Ohr stellte ich mich taub«), in kinästethischen (»Ich verlor den Boden unter den Füßen«, »Ich sackte innerlich zusammen«), in olfaktorische (»Er hat den Braten gerochen«, »Mir stinkt der Job schon lange«) oder gustatorischen Metaphern (»Das schmeckt mir nicht«, »Das ließ ich mir auf der Zunge zergehen«).

Analog dazu ist es günstig – nicht nur für die Selbstberatung –, wenn Beratende ihren eigenen bevorzugten Wahrnehmungskanal kennen und stets mitbedenken, dass das beraterische Gegenüber ebenfalls einen solchen, möglicherweise vom eigenen abweichenden, hat und damit für bestimmte Metaphern eher ansprechbar ist als für andere.

Es scheint also ganz klug, zu erkunden, welche metaphorischen Konzepte das Denken, Handeln, Fühlen des Gegenübers strukturieren, um sich daran ankoppeln zu können. Sind die eigenen metaphorischen Konzepte da ohne Weiteres anschlussfähig, oder wäre es günstiger, sich mit Reframes oder anderen Techniken auf dieser Basis eher zurückzuhalten, weil sie dem Gegenüber in eher hegemonialer Weise eine Hierarchisierung der jeweiligen metaphorischen Konzepte zugunsten der des Beratenden aufdrängen? Inhaltlich ergibt sich damit, wenn ich das Gegenüber in meine eigene Metaphernwelt einlade, leider auch kein Benefit für die Umgestaltung der Welt des Ratsuchenden. Metaphorisch gesagt ist es ungünstig, mit jemandem, der sich gerne in ein Eiscafé setzen würde, eine Pommesbude anzusteuern (Schmitt, 2016, S. 35 ff.).

Lassen wir an dieser Stelle noch einmal das Original zu Wort kommen: »Metaphors based on simple physical concepts – up-down, in-out, object, substance, etc. – which are as basic as anything in our conceptual system and without which we could not function in the world, could not reason or cummunicate – are not in themselves very rich« (Lakoff u. Johnson, 1996, S. 61).

Dass darüber hinaus Metaphern natürlich auch kulturell determiniert sind und damit nicht jedes metaphorische Konzept in jeder Kultur auch als solches verstanden werden dürfte, sollte selbstverständlich sein (S. 23 ff.).

Auch haben wir es zudem häufig mit einem nicht vollständig klaren Zielbereich und mehreren Referenz- oder Quellbereichen zu tun. Michael Buchholz und Cornelia von Kleist (1997, S. 69) illustrieren das am Beispiel »Liebe« (Zielbereich): Durch den Rückgriff auf unterschiedliche Quellbereiche wie »Wahnsinn«, »Kampf/Krieg«, »Spiel« werden komplett verschiedene Frames für die Tatsache, dass zwei Menschen sich anziehend finden, erzeugt. Diesen Umstand kann man/frau beschwerlich finden, weil erst einmal geklärt werden muss, ob alle mit der gleichen Landkarte das Gebiet durchstreifen, es könnte sich darin aber auch ein Glück zeigen, weil sich damit unterschiedliche Möglichkeiten des Reframings geradezu aufdrängen.

Wer allerdings eher im autistischen Spektrum unterwegs ist und Sprache beim Verstehen wortwörtlich nimmt, wird schon bei den Fragen »Wie geht es?« oder »Was liegt an?« irritiert sein.

Vielleicht aber passt für Sie eines der hier vorgestellten Tools zu Ihrem individuellen Weltverständnis und bringt etwas in Ihnen zum Klingen, macht, dass es Ihnen in den Fingern juckt, lässt sie in die Startlöcher steigen, trifft auf ein offenes Ohr etc. Sie wissen schon …

Übung 11: Mit Metaphern arbeiten

Ziel: Aktivieren nichtkognitiver Problemlösungskompetenzen
Hilfsmittel: keine
Dauer: ca. 10 Min.

Durchführung
Erzählen Sie sich selbst oder einer imaginierten Person ihres Vertrauens Ihr berufliches Problem. Achten Sie dabei darauf, welche Metaphern Sie sich hierfür sagen hören.

Nehmen Sie nun eine davon heraus und spinnen Sie das dahinterstehende metaphorische Konzept fort (und lassen Sie sich dabei nicht von der hier verwendeten Metapher des »Fortspinnens« verwirren und/oder anregen – oder doch, wenn Sie wollen …).

Zum Beispiel erzählte eine Supervisandin, dass es ihr »die Schuhe auszog«, als sie hörte, was der Geschäftsführer plante. Ihre Reise auf dem Rücken der Metapher ging so weiter: Sie entschied sich, nicht wie sonst auf Zehenspitzen zu gehen und still vor sich hin zu leiden und auch nicht davonzulaufen, sondern sich mal etwas breitbeiniger hinzustellen, um klar zu machen, dass sie hiermit nicht einverstanden sei. Sie stellte fest, dass diese Schuhe, in denen sie im Team mutig vorangegangen war, ihr – entgegen ihrer früheren Annahme, dass man besser nicht zu laut auftreten solle – sehr gut passten.

In einem weiteren Schritt könnten Sie für Ihr metaphorisches Lösungskonzept gern ein Symbol suchen oder selbst kreieren, welches Sie an einer gut platzierten Stelle an *Ihre* Lösung erinnert.

Übung 12: Bildbetrachtung

ZIEL: Aktivieren des visuellen Bewertungssystems
HILFSMITTEL: eine ansehnliche Sammlung von Postkarten (vom Flohmarkt oder die kostenlosen Karten aus den Restaurants, Kneipen und Kinos, die Sie hoffentlich ab und zu zum Zwecke der Geselligkeit und anderer Selbstsorgeaspekte besuchen, aus Museumsshops, aus anderen Läden, anderen Ländern etc.)
DAUER: ca. 20 Min.

Die Wände der Höhlen von Lascaux (datiert auf 36.000–19.000 v. Chr.) und Altamira (datiert auf 16.000–13.0000 v. Chr.), die Sixtinische Kapelle in Rom und Santa Maria delle Grazie in Mailand sind nicht umsonst wegen der unfassbaren Schönheit ihrer Malerei berühmt und nicht, weil Wände voller Texte zu betrachten wären. Die erste Schriftsprache, das Sumerische, entstand ca. 3.000 v. Chr. Damit hat das menschliche Gehirn entwicklungsgeschichtlich gesehen sehr viel länger Zeit damit verbracht, Bilder zu verarbeiten als Texte.

Während es dauert, aus den abgespeicherten Wortschemata einen Text zusammenzusetzen, der Sinn ergibt, ist die visuelle Verarbeitung eines Bildes einfacher und auch schneller. Das Bild nimmt stets die Abkürzung und rauscht nahezu ungebremst in ca. 100 Millisekunden in die Sehrinde im Okzipitallappen des Großhirns. Parallel werden die visuellen Assoziationsfelder mit ihren sensorischen Arealen dort aktiviert. Sie prüfen das Gesehene unter Abgleich mit gespeicherten visuellen Schemata auf emotionale Bedeutsamkeit.

Dabei funktioniert das Konzept »Bildbetrachtung« in beiden Richtungen: Bilder transportieren auf kurzem Weg Emotionen und stellen sie auch dar und Rezipierende finden ihre aktuell vorherrschenden Gefühle wiederum in Bildern wieder (Döveling, 2017, S. 2).

Durchführung

- Picken Sie sich einen Aspekt Ihrer beruflichen Fragestellungen heraus, z. B. ein Problem, das Sie klären wollen, mögliche Ressourcen bei sich oder Ihren Klientinnen/Patienten, die Sie auffinden möchten, eigene Kompetenzen, von denen Sie wissen, dass Sie sie haben, aber zu denen Ihnen aktuell der Zugang fehlt oder oder …

- Wählen Sie dann aus Ihrer Kartensammlung willkürlich eine oder mehrere Karten (max. drei Karten) aus und assoziieren Sie mit deren Hilfe zu dem von Ihnen ausgewählten Thema.

Hilfreich, als handlungsleitendes Motto, ist, wie fast immer, der Satz Heinz von Foersters: »Handle stets so, dass du die Anzahl deiner Möglichkeiten vergrößerst.« Damit wiederum könnten Sie sich für die Übung z. B. folgende Fragen stellen:

- Welche minimale Veränderung (in Bezug auf meine Stimmung, auf die Problemsicht, auf die Zuversicht, eine Lösung zu finden, auf die Handlungsimpulse, die ich spüre) wird durch das Betrachten der Postkarte induziert?
- Gibt es spontane Ideen, zu deren Realisierung ich mich nun eingeladen fühle?
- Hat sich eventuell die Fragestellung/das Problem verändert?
- Zeigen sich neue, bisher nicht wahrgenommene Aspekte? Wenn ja, was verändert sich hierdurch?

Variante für die Arbeit in der Peergruppe: Lassen Sie die Gruppenmitglieder je eine Karte ziehen und hören Sie ihnen zu, wie und was diese mittels dieser Karte zu Ihrem Problem reflektieren.

Sollten Sie mit dem Gedanken spielen, mit kommerziellen für therapeutische/beraterische Zwecke gestalteten Bildkarten zu arbeiten, wägen Sie hier das Für und Wider gut ab: Ja, man kann einfach losgehen und sie kaufen bzw. bestellen, sie haben eine durchgängig homogene Ästhetik und sie geben praktischerweise Themenfelder vor. Dagegen steht, dass Ihnen der Spaß beim Zusammentragen der Karten entgeht, dass vorgegebene Themenfelder mit vorgegebenen Bildern die eigene Phantasie einengen und depotenzieren und insbesondere Witz, Spaß, Ironie, also all das, was Schweres leichter machen könnte, in den Karten eher nicht vertreten ist.

Übung 13: Nicht nur für Ärztinnen und Ärzte – »Herzcoaching« (nach Stahl aus Müller u. Hoffman, 2002)

ZIEL: über die Metaphorisierung[55] einer Fragestellung Distanz zum Problem herstellen und kreative Reflexionsschleifen anregen
HILFSMITTEL: keine
DAUER: ca. 30–45 Min.

Manchmal tun wir etwas leichten oder auch schweren Herzens oder nur halbherzig. Etwas/jemand liegt uns am Herzen, bei einer Tätigkeit geht uns das Herz auf. Wenn wir Angst haben, rutscht es uns in die Hosentasche. Wir verlieren es und finden das paradoxerweise schön und schlimmstenfalls bricht es. Am Herzen kommen wir nicht vorbei, wenn dieses schiefe Bild hier erlaubt sei, es ist das einzige Organ, das wir immer spüren, oder haben Sie schon mal Ihr Gehirn klopfen hören?

Herzmetaphern begegnen wir ständig, in der Alltagssprache genauso wie in fachlichen Diskursen. Die Herzmetaphorik ist nicht nur quantitativ allgegenwärtig, sondern stellt gerade für im weitesten Sinne in beraterisch-therapeutischen Berufen Tätige (und deren Nutzer*innen) eine Fundgrube dar zur Beschreibung und Verdeutlichung innerpsychischer Vorgänge. Weil anthropologisch allgegenwärtig, wird der Gebrauch einer Herzmetaphorik mit hoher Wahrscheinlichkeit beim Gegenüber ein wissendes Verstehen erzeugen, was sich von Sprache allgemein nicht immer sagen lässt.

Die große Bedeutung des Herzens über Zeiten und Kulturen zeigt die vielfältige kulturelle Einbettung der Herzmetaphorik. Ole Martin Høystad (2006) schreibt in seiner »Kulturgeschichte des Herzens«, dass in der altägyptischen Kultur die Seele eng mit dem Herzen verbunden gewesen ist. Von allen Organen war es das einzige, das nach dem Tod speziell konserviert wurde und bei der Mumifizierung wieder in den Leichnam hineingelegt wurde. (Während alle anderen

55 Der Umgang mit Metaphern, es wurde bereits erwähnt, ist nicht ganz umkompliziert. Nicht jede*r ist von der Herzmetaphorik gleichermaßen berührbar. Wenn die Herzmetaphorik auf keine Resonanz in Ihnen trifft, legen Sie das Tool wieder beiseite oder empfehlen Sie es höchstens anderen.

Organe neben der Mumie in separaten Gefäßen bestattet wurden, war das Gehirn eine Art Wegwerfartikel. Nach dem Ableben hatte man dafür keine Verwendung mehr.)

Von der Antike an bis in die Neuzeit dauerte der Streit, ob nun das Herz oder das Gehirn Vernunft und Bewusstsein beherbergten. Seit Platon[56] war allerdings klar, dass die Vernunft, wo auch immer sie sich lokalisieren lässt, über dem Gefühl steht (Høystad, 2006, S. 32 ff.). Und im Christentum ist das Herz dann eindeutig Trägerin von Gefühlen und Emotionen.

Erst Nietzsche räumt mit seiner an den homerischen Menschen angelehnten körperzentrierten Philosophie auf mit dem Leib-Seele-Dualismus und ruft einen »neuen Menschen« aus, in dessen Körper die große Vernunft wohnt (S. 204). Der neue Mensch folgt allerdings nicht mehr seinem Herzen, sondern dem Willen zur Macht.

In Anlehnung an Nietzsche schreibt Foucault eine diskursanalytische Genealogie von Machtpraktiken. In diesem Zusammenhang ist vom Herzen gar nicht die Rede, von der Liebe als seiner Sprache und anderen Gefühlen nur als Diskursgegenstände – mit dem Ziel der Disziplinierung der Subjekte.

Von anderer Seite nähern sich Horkheimer und Adorno in der Dialektik der Aufklärung dem gleichen Sujet und konstatieren, dass Verstand und Gefühl in Geiselhaft genommen worden seien von einer Unterhaltungsindustrie, dem das kritische Individuum ein aus dem Weg zu räumendes ist im Dienst der Profitökonomie (S. 210).

Nimmt es da Wunder, dass bei so viel Kälte der Analyse eine romantisierende Gegenbewegung die Herzsymbolik – nicht nur am Valentinstag – wieder in ihr Recht setzt: klischiert und banalisiert zugegeben, aber immer noch als einzigartiger Kreuzungspunkt von Seele und Gefühl, Leidenschaft und Vernunft.

56 Diese Festlegung lässt sich sogar bis Homer zurückverfolgen: Scheiterte Achill, der Sohn der Zornesgöttin Thetis in der »Ilias« noch an seinen eigenen »high expressed emotions«, so gelang es im Sequel, der »Odyssee«, besagtem und besungenem Odysseus, mit dem Beinamen »der Listenreiche«, sich mit Bauernschläue und der Denkkraft seines Geistes aus allerhand verzwickten Situationen zu befreien, um schließlich und endlich wieder zu Hause in Ithaka anzukommen.

Durchführung
Die folgenden oder ähnliche Fragen könnten Sie leiten, wenn Sie einmal das Gefühl und den Gedanken haben sollten, dass Ihre berufliche Situation nicht nur überdacht, sondern auch neu gefühlt werden könnte:

- Wann spüren Sie im Alltag Ihr Herz?
- Aus welchen beruflichen Situationen kennen Sie Herzklopfen?
- Was liegt Ihnen in Ihrem beruflichen Alltag am meisten am Herzen?
- Wann spüren Sie, dass Ihnen etwas zu Herzen gegangen ist?
- Wenn Sie sich ein Herz fassten, was würden Sie als Erstes, Zweites etc. tun?
- Was lässt Ihr Herz im Beruf schneller schlagen?
- In welchen beruflichen Situationen wird es Ihnen ganz weit ums Herz?
- Durch welches berufliche Ereignis könnte sich Ihr Herz verschließen?
- Wenn Sie sich vorstellen, jemandem Ihr Herz auszuschütten: Was würden Sie zuerst erzählen?
- Angenommen, Sie wollten Ihre professionelle Tätigkeit skalieren, wobei »1« den Zustand der Halbherzigkeit und »10« das Mit-dem-ganzen-Herzen-Dabeisein markiert, wo sehen Sie sich auf dieser Skala aktuell?
- Was wären äußere Zeichen für »1« bzw. für »10«?
- Was wäre anders bei einem um 1 veränderten Wert?
- Was würden Sie dann anders machen?
- Wie würden andere darauf reagieren?
- Welche äußeren Bedingungen bräuchten Sie, um dahin zu kommen?

Variante für die Peergruppenarbeit: Jede*r führt das Herzcoaching für sich durch, anschließend tauschen sich die Teilnehmenden darüber aus, was sie besonders angeregt hat oder im Gegenteil eher wenig im Inneren zum Klingen gebracht hat.

Quellenverweis: Herzcoaching geht auf Gabriele Müller und Kay Hoffman (2002, S. 83 f.) zurück und wird hier gemäß Hansjörg Stahl dargestellt.

Übung 14: Die innere Goldwaage oder passe ich (noch) zu meinem Job? (nach Radatz, 2006)

Ziel: eine Entscheidung treffen können
Hilfsmittel: Kärtchen, Stift
Dauer: 20 Min. (wenn Sie rasch etwas entscheiden müssen) bis Wochen (wenn Sie denken, es wäre einfach mal Zeit zu bilanzieren)

Fühlen Sie sich möglicherweise schon länger unwohl in Ihrer Position? Vielleicht eher diffus denn sehr offensichtlich? Bedrängt Sie manchmal einerseits der Gedanke, dass eine Veränderung sinnvoll sein könnte und schrecken Sie andererseits in der nächsten Sekunde genau davor zurück – weil können ja nicht müssen heißt?

Kurz gesagt: Sie fühlen sich aktuell oder schon länger in Bezug auf Ihre berufliche Situation ein wenig oder ziemlich ambivalent:

- Soll ich gehen oder sollte ich es doch noch ein wenig aushalten? Sind mir überhaupt all die Vorzüge bekannt, die meine Position mir bietet, kenne ich alle Nachteile oder müsste ich erst mal genauer hinsehen, um mich dafür oder auch dagegen entscheiden zu können? So oder so ähnlich könnten sich Ihre inneren Dialoge anhören.
- Oder, zweites Szenario, Sie haben eine neue Position in Aussicht und wissen nicht so recht, ob Sie da gut hinpassen. Es gäbe einiges, was dafür spräche, aber auch anderes, das Sie zögern lässt.

Diese Übung, eine Abwandlung der »Coaching-Goldwaage« von Sonja Radatz (2006, S. 72 ff.), kann Ihnen dabei helfen, die wesentlichen Aspekte für eine gute Entscheidung zusammenzutragen.

Durchführung

Notieren Sie, welche zehn Aspekte Ihrer beruflichen Identität Ihnen persönlich am wichtigsten sind. Üblicherweise fällt es leicht, die ersten vier bis sechs Aspekte mal eben schnell zu notieren, zehn davon zu finden, unten denen sich der Arbeitsplatz untersuchen und bewerten lässt, ist gar nicht so einfach, aber es lohnt die Mühe, genau hinzusehen.

Es spielen hierbei materielle wie immaterielle Aspekte eine Rolle: Was nützt der bestbezahlte Job, wenn Sie sich täglich hinprügeln müssen, und was der interessanteste, wenn er nicht sicherstellt, dass Sie Ihren Lebensunterhalt verdienen können? Ihre persönlichen Werte sind relevant, manchmal auch im Sinne von Entscheidungsambivalenzen wie Sicherheit versus Handlungsspielräume. Daneben gibt es auch kurzfristig günstige, aber langfristig ungünstige Aspekte und umgekehrt kurzfristig ungünstige, aber langfristig günstige.

Beschreiben Sie jetzt für jeden Aspekt einen Zettel/ein Kärtchen und legen Sie diese auf die linke Seite Ihres Schreibtisches (die linke Seite der Goldwaage).

Auf die rechte Seite legen Sie das, was Ihr Unternehmen Ihnen in Bezug auf diese Aspekte bietet.

Auswertung
a) Paare, die sich matchen lassen:
In der Regel werden sich einige Paare matchen lassen, d. h., Ihre Ansprüche an den Job (linke Seite) decken sich mit dem, was der Job Ihnen bietet (rechte Seite).

Ab wie vielen gematchten Paaren sich bei Ihnen das Gefühl der Zufriedenheit einstellt, das wissen nur Sie allein, zumal auch die Gewichtung der einzelnen Aspekte sich unterscheiden dürfte: Während dem einen z. B. ein kurzer Arbeitsweg wesentlich sein könnte, mag die andere darauf bestehen, dass es eine Position im öffentlichen Dienst sein sollte, und wieder andere geben als wichtigsten Aspekt eine hohe Flexibilität oder ein gutes Team an etc.

Wenn sich Aussagen entgegenstehen, muss das nicht gleich dazu führen, dass Sie ein Kündigungsschreiben vorbereiten.

Es könnte ja durchaus sein – zumal, wenn sich nicht sofort eine Wechselstimmung bei Ihnen ausbildet –, dass Sie diese Ambivalenzen zumindest eine Zeit lang als Herausforderung sehen und abwarten wollen, was beim erneuten Durchführen der »Goldwaage« einige Wochen oder Monate später sich zeigen wird.

Oder Sie beginnen sich Fragen zu stellen, die nützlich sein könnten, die Ambivalenzen zu reduzieren:

- Was kann ich beruflich und/oder privat dafür tun, um wieder ein Gefühl von Stimmigkeit, Zufriedenheit erleben zu können?
- Wer könnte mich dabei unterstützen?
- Was sollte ich künftig unterlassen? Wird mir das gelingen?

b) Paare, die sich nicht matchen lassen/Ambivalenzen, die Sie nicht aushalten möchten:
Sie haben, wenn sich nicht alle Paare haben matchen lassen, nun links und rechts divergente Aspekte, die Sie gewichten müssen. Tun Sie das nun im wörtlichen Sinn und nehmen Sie die linke Karte in die linke Hand und die rechte Karte in die rechte Hand und prüfen Sie, welcher Aspekt schwerer wiegt.

Übung 15: Gehirnjogging als »einsamer Waldlauf«

Dieses Format stammt aus Johannes Herwig-Lempps schon mehrmals erwähntem Buch »Ressourcenorientierte Teamarbeit« (2016, S. 170 f.), in dem es auch ein Kapitel zur Selbstberatung gibt.

ZIEL: Ideen einsammeln zu einer Fragestellung
HILFSMITTEL: Papier und Stift
DAUER: ca. 2 × 15 Min.

Durchführung

- Nehmen Sie eine sehr konkrete berufliche Fragestellung, notieren Sie diese auf Ihrem Blatt.
- Überlegen Sie jetzt, worüber Sie in Bezug auf diese Fragestellung nachdenken möchten: Wollen Sie eher Hypothesen sammeln, eher sich Ideen für die weitere Arbeit schenken oder eher Komplimente für sich und/oder Ihre*n Klient*in im Resümieren der letzten Sitzung verteilen?
- Setzen Sie sich jetzt ein kleines bisschen unter Druck und versuchen Sie, binnen zehn Minuten mindestens zwanzig Antworten zu finden zu Ihrer Fragestellung.
- Lassen Sie das Aufgeschriebene sich erst mal setzen bzw. liegen und nehmen Sie es nach einige Stunden oder auch am nächsten Tag noch mal zur Hand: Was spricht Sie mit dem zeitlichen Abstand besonders an? Woran möchten Sie anknüpfen, womit wollen Sie beginnen?

Variante für die Gruppenberatung: Teilen Sie sich auf – einige formulieren Hypothesen, andere Ratschläge und wieder andere Komplimente.

Vom Erzählen guter Geschichten: Der narrative Ansatz

»Language is a metaphor for experience. It's as arbitrary as the mass of chaotic images we call memory – but we can put it into lines to narrativize over fear.«
Lidia Yuknavitch (2017, S. 4)

»Stories are not lived but told. Life has no beginnings, middles, or ends.«
Luis O. Mink (1987, S. 60)

Zu Beginn eine gute Geschichte: Monate vor Rosa Parks, einer der Ikonen der amerikanischen Bürgerrechtsbewegung, nämlich im März 1955, weigerte sich schon die schwangere Claudette Colvin, in Montgomery/Alabama in einem Bus für eine weiße Frau ihren Sitzplatz aufzugeben. Von der Bürgerrechtsbewegung hingegen wurde ihr Fall nicht publik gemacht, weil die 15-jährige Claudette von einem wesentlich älteren, verheiraten Mann schwanger war. Damit eine gute Geschichte daraus werden konnte – und das sollte sie, um die Bewegung nicht angreifbar zu machen –, musste im Dezember 1955 die 42-jährige, ordentlich verheiratete Bürgerrechtlerin Rosa Parks das Gleiche tun (Mink, 1970). Dies führte dann zum Montgomery-Busboykott, mehreren Gerichtsverfahren, in denen die Rassentrennung in den öffentlichen Verkehrsmitteln Montgomerys als verfassungswidrig beurteilt wurde und zu der Gründung eines Boykottkomitees unter der Leitung des Pastors der »Dexter Avenue Baptist Church«, einem gewissen Martin Luther King. Die herrschende rassistische Erzählung über das Recht der Weißen, die schwarze Bevölkerung zu unterdrücken, begann unglaubwürdig zu werden.

Der narrative Ansatz in Therapie und Beratung wurde in den 1990er Jahren begründet von Michael White (Australien) und David Epston (Neuseeland) (1994). Theorie und Praxis des narrativen Ansatzes sind um die Idee herum organisiert, dass Menschen ihre Erfahrungen in Geschichten, die sie sich und anderen erzählen, miteinander teilen. Für die Theoriebildung bedeutsam waren konstruktivistische Annahmen der Gestaltung von Wirklichkeit durch Sprache (Bateson), der lösungsorientierte Ansatz der Milwaukee-Schule (de Shazer, Kim Berg) und Foucaults Überlegungen zu gesellschaftlicher Machtverteilung via Diskurshoheit.

White und Epston (1994, S. 46) argumentieren, dass die Wahrheitsdiskurse der vereinheitlichenden Wissenschaften die Erzählungen der Menschen über sich selbst so modulieren, dass gelebte Erfahrungen, die sich den herrschenden Diskursen nicht zuordnen lassen, nicht artikuliert werden können. In der Therapie fokussieren die Autoren hier auf die von ihnen so genannten »unique outcomes« oder »einmalige Ereignisfolgen«[57] – wie sie auch der oben skizzierte Montgomery-Busboykott darstellt oder auch »Aspekte, die aus der beherrschende Geschichte herausfallen« (S. 60) – als Ausgangspunkte für alternative Erzählungen.

Einen wesentlichen Aspekt der therapeutischen Praxis von White und Epston stellt die Externalisierung des Problems dar. Das Problem wird hiermit von der Person, die – dem herrschenden Diskurs entsprechend – glaubt, untrennbar mit ihm verbunden zu sein, gelöst. So können andere gelebte Erfahrungen, die sich in den vorherrschenden Diskurs nicht einordnen lassen, wahrgenommen werden. Anstatt etwa zu sagen: »Jakob ist depressiv«, kann jetzt von Jakob einerseits und der Depression andererseits gesprochen werden, und Jakob kann – von außen auf die Depression blickend – Auskunft darüber geben, welchen Einfluss diese auf sein Leben hat und das Leben seiner Familie. Umgekehrt kann Jakob reflektieren, welchen Einfluss er auf die Depression hat, wann es Zeiten gibt, in denen die Depression in seinem Leben marginalisiert ist, und was die Umstände sind, in denen sie an Präsenz gewinnt etc.

Die Erforschung einmaliger Ereignisfolgen in der Vergangenheit (»Können Sie sich an eine Situation erinnern, in der Sie selbst die Dinge im Griff hatten, nicht Ihre Depression?«) dient dann als Anknüpfungspunkt für eine alternative Erzählung in Bezug auf das Problem in der Gegenwart und in der Zukunft: »Was müssen Sie

57 Hiermit sind vermutlich nicht die von de Shazer und Kim Berg beschriebenen Ausnahmen vom Problem gemeint, da White und Epston sich explizit auf Goffmans Beobachtung beziehen, dass einmalige Ereignisfolgen, die geeignet sind, die herrschende Erzählung über eine bestimmte Gruppe von Menschen umzuschreiben, zugunsten der als »normal« angesehenen ausgelassen werden (S. 29 ff.; Goffman, 1995).

tun, um in Zukunft der Depression ein Schnippchen zu schlagen?« »Wie kriegen Sie es zukünftig hin, rechtzeitig aufzustehen, um mit Ihren Kindern zu frühstücken?«

Daneben machen White und Epston Anleihen bei Jerome Bruner (1986, S. 29) in der Unterscheidung zwischen dem paradigmatischen und narrativen Weltzugang. Ersterer stellt einen auf wissenschaftlicher Objektivierbarkeit basierenden argumentativen dar. Der narrative Modus hingegen stellt die Struktur bereit, die Erfahrungen und Handlungen in einen kohärenten Sinnzusammenhang bringen (Saupe u. Wiedemann, 2015). Das Kriterium hier ist nicht Wahrheit, sondern Plausibilität und Nachvollziehbarkeit.[58] Eine Erzählung ist also das Angebot eines Ordnungsrasters für Erlebtes. Sie sortiert Erfahrung in die Zeit ein, indem eine Geschichte mit Anfang, Mitte, Ende daraus wird.

Mit der Unterscheidung zwischen dem paradigmatischen, der Wahrheit verpflichteten Weltzugang und dem narrativen ergibt sich, dass Letzterer prinzipiell verhandelbar ist, indem eine Geschichte so oder auch anders erzählt werden kann.

»Rich Story Development« bedeutet, den Betroffenen/Problembesitzer*innen anzubieten, wieder die Deutungshoheit über ihre Lebensgeschichte zu übernehmen, bislang ausgesparte Teile prominenter zu platzieren und damit eine alternative, bedeutungsvolle Erzählung zu kreieren, bei der sie selbst die Autor*innenschaft haben. Das Mittel der »Externalisierung« stellt hierfür sozusagen das ontologische »Sprungbrett« dar: Erst die Trennung zwischen Problem und Problembesitzerin erlaubt es ja derselben, dem Problem gegenüber eine Außenperspektive einzunehmen und sich selbst als Teil einer neuen Erzählung in der dritten Person zu imaginieren.

58 Erwähnt werden sollte aber doch, dass es auch eine sogenannte »pannarrativistische« Schule gibt, deren Vertreter*innen reklamieren, dass sich im Prinzip alles erzählen lässt. Der prominenteste unter ihnen, der Philosoph Alasdair MacIntyre, beschreibt den Menschen als »story-telling animal« (MacIntyre, 1981, S. 216) und proklamiert, dass ein gelingendes Leben immer ein erzähltes ist. Demgegenüber steht der sogenannte »narrative Konstruktivismus« mit z. B. der Anglistin und Literaturwissenschaftlerin Julika Griem (2019), die wiederum darauf besteht, dass es ein Recht auf Nichterzählen geben« muss, »weil nicht jedes Leben von Beginn an narrativ grundiert ist«. Am besten wissen das wohl traumatisierte Menschen und ihre Therapeut*innen.

Übung 16: Das Problem externalisieren (nach Stahl)

ZIEL: eine notorisch schwierige berufliche Situation meistern
HILFSMITTEL: keine
DAUER: ca. 30 Min.

Durchführung
Rufen Sie sich im Geiste die häufig bzw. notorisch konflikthafte berufliche Situation auf, die Ihnen Probleme bereitet. Wenn Sie jetzt an diese Situation denken:

- Wie und wo, wem gegenüber und bei welchen Anlässen tritt sie bevorzugt auf?
- Wie würden andere (Kolleg*innen, Klient*innen, Vorgesetzte, Freund*innen) sie beschreiben?
- Was geschieht da genau?
- Wie würden Sie diesen Vorgang, dieses Vorkommnis benennen?
- Könnten Sie ihm einen Namen geben, einen Titel (falls Sie ein Buch darüber schreiben wollten), eine Überschrift?
- Seit wann begleitet Sie dieses Phänomen?
- Wie wirkt »es« sich auf Ihr professionelles Selbstbild aus? Wie auf Ihre Beziehungsgestaltung zu anderen und auf Ihre Gefühlswelt?
- Mit welchen Stimmen und welchen Sätzen spricht dieses »es« bevorzugt zu Ihnen?
- Welche anderen Mittel und Strategien setzt »es« ein, um sich in den Vordergrund zu drängen?
- Von welchen Absichten und Ziele könnte »es« geleitet sein? Welche Ideen für Ihre Art der Lebensgestaltung verfolgt es?
- Wer unterstützt es? Gibt es Bündnisparter*innen, Kollaborateur*innen, weitere Sponsor*innen?
- Welchen Einfluss besitzt »es« auch auf andere Lebensbereiche wie Freundschaften, familiäre Bezüge, Partnerschaften?
- Wie lässt »es« Sie über Ihre berufliche Zukunft, Ihre Talente und Ambitionen denken?
- Wie hoch ist sein Einfluss auf einer Skala von 0–10?
- Wenn Sie sich die Wirkungen und das Ausmaß der Schwierigkeit in Bezug auf Ihr (berufliches) Leben jetzt vergegenwärtigen, denken Sie, der Skalenwert ist gerechtfertigt? Falls nein, wie hoch sollte/dürfte er sein?

- Worin besteht *Ihr* Einfluss auf die Schwierigkeit?
- Was haben Sie bereits versucht?
- Ist es Ihnen jemals in der jüngeren Vergangenheit gelungen, sich den Einladungen der Schwierigkeit zu entziehen? Sie auszuschlagen? Sie ins Leere laufen zu lassen? Sich ihnen entgegenzustellen?
- Wann, wo, bei welcher Gelegenheit? Was war da anders? Für Sie? Für andere?
- Wie haben Sie sich darauf vorbereitet?
- Wer oder welche Umstände haben noch zum Gelingen beigetragen?
- Was sagt diese Erfahrung des erfolgreichen Widerstands über Ihre Fertigkeiten und Stärken aus?
- Angenommen, Sie würden diese Erfahrung häufiger machen, in welche Richtung würde sich Ihr berufliches Leben entwickeln?
- Wie würde sich dies auf Ihre Art, über sich selbst als Professionelle zu denken, auswirken?
- Wäre dies für Sie und für bedeutsame andere Menschen erstrebenswert? Würden sich auch Bedenkenträgerinnen und Skeptiker zu Wort melden?
- Angenommen, Sie würden über einen passenden Projektnamen für diese Sache nachdenken, welcher fiele Ihnen ein?
- Wenn Sie sich dieses Projekt zu eigen machen würden, welches wäre der nächste kleine Schritt?
- Wie und wo würden Sie ihn gern umsetzen, ausprobieren?
- Wie könnten Sie sich gut an Ihr Projekt erinnern in Phasen, in denen es möglicherweise etwas aus Ihrem Aufmerksamkeitsfokus gerät?
- Wer könnte Sie sonst noch daran erinnern? Auf welche Art und Weise?
- Und zuletzt: Wenn Sie jetzt an die eingangs genannte Schwierigkeit denken, wie blickt sie zurück?

Übung 17: Ambivalenz externalisieren

Ziel: einen Entscheidungskonflikt klären
Hilfsmittel: keine
Dauer: ca. 30 Min. oder auch viel länger

Gehe ich rechts herum oder links herum? Soll ich überhaupt gehen? Oder besser bleiben? Ist es an dieser Stelle sinnvoll, die Strategie infrage zu stellen, oder sollte ich besser die Füße still halten? Mache ich es so, wie es meiner Einschätzung nach sinnvollerweise getan werden sollte, oder so, wie es die Chefin/der Chef vorgegeben hat? Nehme ich den Auftrag an, weil damit Anerkennung, Geld, Selbstwerterhöhung für mich und aller Voraussicht nach ein ebenfalls hoher Benefit für die Auftraggeberin verbunden sind, oder lehne ich ihn ab, weil er in der zur Verfügung stehenden Zeit nicht zu bearbeiten ist, weil ich damit eventuell jemand anderem schaden könnte und damit gegen meine Werte verstoßen würde oder weil aus meiner Perspektive der langfristige Gewinn für die Auftraggeberin nicht absehbar ist, was wiederum meinem Image schaden könnte?

Die Aufzählung weiterer Situationen, die einen mal schneller, mal langsamer hin und her oszillieren lassen zwischen »ja« und »nein«, »Super!« und »Lieber doch nicht!« lässt sich sicher noch fortführen.

Kurz gesagt: Ambivalenzen sind Standardsituationen menschlicher Entscheidungsprozesse. Ja, eigentlich sind Ambivalenzen ziemlich normal und alltäglich. Es ist ja doch eher selten, dass man zu 100 Prozent von einer Sache oder einer Lösung, also absolut überzeugt ist, meist gibt es mindestens eine leise Stimme, leicht zu überhören zwar, aber anwesend, die den Zweifel an der Großartigkeit einer Idee artikuliert. Manchmal sind es aber auch richtig laute, präsente Stimmen, die diesen Zweifel gut hörbar äußern.

Die meisten Ambivalenzen allerdings – das kennen Sie – lösen sich quasi von selbst wieder auf:

Dies ist z. B. der Fall, wenn die Präferenzen nicht zu gleichen Teilen, also etwa fifty-fifty, für »Ja« und »Nein« verteilt sind, sondern wenn das Pendel ohnehin schon mehr zur einen Seite ausschlägt. Dann fehlt häufig nur noch ein letzter Gedanke, die kluge Bemerkung eines Freundes, einer Kollegin, um plötzlich mit luzider Klarheit sich für »A« oder »B« entscheiden zu können.

Eine Ihnen sicher auch gut bekannte Variante von Ambivalenzauflösung ist die über die Zeit. Frau/man wartet einfach so lange zu, entweder bewusst, weil man seine bevorzugten Entscheidungsmodi kennt und ihnen vertraut, oder unbewusst, weil man in seinen Grübelschleifen hängend vergisst, auf die Uhr zu sehen, und irgendwann hat sich die Sache geklärt, weil entweder eine Option sowieso nicht mehr infrage kommt, der Zeitpunkt für eine reale Auswahl zwischen »a« oder »b« verstrichen ist oder weil das lange Fahren im Grübelkarussell tatsächlich ein Ergebnis gezeitigt hat und nun eine Entscheidung getroffen werden kann. Ein Lob an dieser Stelle also für die so schlecht beleumundete Prokrastination! Gut Ding will wirklich manchmal Weile haben. Wichtig ist nur, das eine (also die Notwendigkeit, einer guten Entscheidung auch Zeit einzuräumen) vom anderen (dem permanenten Vertagen einer fälligen Entscheidung) zu unterscheiden.

Von White und Epston stammt, wie oben gezeigt, der Gedanke, dass es sich leichter über eine Lösung für ein Problem nachdenken lässt, wenn man eine sprachliche Konstruktion wählt, die das Problem außerhalb der/des Problembesitzenden und -beschreibenden situiert. Damit ist dann das Problem das Problem und nicht die Chefin (außerhalb des Einflussbereichs der Klientin), auch die Klientin besitzt damit kein Problem, womit eine defizitäre, invalidierende Selbst- oder Fremdbeschreibung vermieden wird.

Zum Beispiel kann ich mich selbst als entscheidungsschwach, wankelmütig, unsicher beschreiben, damit läge das Problem, eine Ambivalenz auflösen zu können, in meiner »charakterlichen« Ausstattung und ich müsste erstmal mich runderneuern, was so einfach nicht ist. Wenn aber schlicht das Problem das Problem ist, dann gehört es nicht mehr zur nicht beeinflussbaren Umwelt und auch nicht zur eigenen Identität, was bedeutet, dass sich ab jetzt ressourcenorientierter über sich selbst sprechen lässt und gezielt die Auswirkungen des Problems auf Leben und/oder Arbeit erfragen lassen.

Durchführung

Mit White und Epston finden Sie hier einige nützliche Fragen zusammengestellt, die sich stellen lassen, um das Ausmaß des Problems – hier also der Ambivalenz – im eigenen (Berufs-)Leben und den Einfluss, den Sie selbst auf das Problem haben, sichtbar zu machen.

Fragen, um den Einfluss der Ambivalenz auf das eigene Leben/die Arbeit darzustellen:

- Angenommen, die Ambivalenz könnte man sehen, wie sähe sie aus?
- Könnten Sie ein Symbol für die Ambivalenz finden, sie visualisieren?
- Wo im Raum würde sie sich befinden?
- Könnten Sie Ihr auch einen anderen Platz zuweisen?

Fühlen Sie sich hier eingeladen, den Raum, in dem Sie die Übung machen, zu nutzen, die Ambivalenz entweder mit einem Symbol oder mittels einer Zeichnung zu visualisieren und dann das Symbol/das Blatt im Raum auszulegen, hineinzuspüren, wie es sich anfühlt, so Auge in Auge, Seit an Seit oder Rücken an Rücken mit der Ambivalenz im selben Raum zu sein und dann einmal probehalber das Symbol/das Blatt zu verschieben und erneut hineinzuspüren. Befragen Sie sich jetzt weiter:

- Auf welchen Aspekt Ihres Berufslebens hat die Ambivalenz den größten Einfluss?
- Seit wann ist das so?
- Gab es auch Zeiten, in denen sie weniger Einfluss hatte?
- Was war da anders?
- Auf welche andere Personen, Prozesse hat Ihre Ambivalenz noch Einfluss?
- Wie verhalten sich die Betroffenen?
- Angenommen, die Ambivalenz bleibt für die nächsten Monate Ihre engste berufliche Begleitung, welche Auswirkungen hätte das auf Ihre Beziehungen bei der Arbeit, auf Ihren Output? Auf Ihre Lust, zur Arbeit zu gehen?

Fragen, um den eigenen Einfluss auf die Ambivalenz darzustellen:

- Angenommen, Sie könnten als Zeitreisende*r aus dieser Vergangenheit in eine Zukunft reisen, in der die Ambivalenz ebenfalls diesen Einfluss nicht mehr hat, was würden Sie da anders machen?

- Woran erkennt man das?
- Angenommen, Sie würden der Ambivalenz mal probeweise die Gefolgschaft aufkündigen, was wäre da der erste Schritt? Wen könnten Sie um Unterstützung bitten?
- Würde die Ambivalenz Gegenmaßnahmen einleiten? Wenn ja, wie könnten Sie sich darauf vorbereiten?
- Gäbe es ein Leben weitgehend ohne Ambivalenz, was wäre leichter, was wäre schwerer?
- Wofür würden Sie weiterhin die Ambivalenz gern nutzen?

Das Multisensorium ernst nehmen: Impacttechniken

Glücklicherweise gibt es noch andere, oft wirksamere Kanäle, über die ein Mensch erreicht werden kann.
Danie Beaulieu (2013, S. 10)

»Impact«, zu Deutsch »Wucht, Aufprall, Zusammenstoß«, beim Wort genommen, gibt schon mal nicht vor, die sanfteste Methode der Erkenntnisgewinnung und Veränderung zu sein.[59] Ed Jacobs, sein Erfinder, hatte genau das auch nicht im Sinn, er sah Impacttechniken mehr als Brandbeschleuniger in den Händen der Berater*innen, um in der Arbeit mit den Ratsuchenden auf mutige und kreative Weise zum Wesentlichen kommen zu können.

Theoretisch stützt sich Jacobs auf Annahmen der Rational Emotiven Therapie (RET) von Albert Ellis, dass nicht die Situation, sondern die Gedanken darüber Gefühle erzeugen – eine Überlegung, die man/frau bereits bei den Stoikern findet. Zu den weiteren Geburtshelfer*innen zählen das NLP mit der Idee, dass Kommunikation im Wesentlichen über Sinneskanäle läuft; die Erickson'sche Hypnotherapie, die den Menschen hilft, Zugang zu ihren inneren Suchprozessen zum bekommen; die Strukturmodelle der Transaktionsanalyse und die Erfahrungs- und Erlebnisorientierung der Gestalttherapie. Die theoretische Einordnung gleicht also eher einem Pasticcio oder einer Collage, in der Praxis handelt es sich allerdings

59 Die Darstellung stützt sich, neben dem Buch von Beaulieu, zum großen Teil auf den Aufsatz von Martina Blauth zu Impacttechniken (Blauth, 2014).

um ein ziemlich effektives Mittel, Erkenntnisse zu generieren und zu verankern.

Konkret versteht man unter Impacttechniken die lösungsorientierte Arbeit mit Objekten, Symbolen, Körpern in Bewegung, um Gedachtes und Gefühltes auf einer weiteren Ebene als der sprachlichen auszudrücken. Wir können über die analoge Sprache nur einen Teil an Informationen ausdrücken, der weit größere geht über Mimik, Gestik, Sprache des Körpers im Raum und andere sensorische Wahrnehmungskanäle wie Riechen, Hören, Schmecken, Sehen bzw. über die Verbindung von Sprache und Sinneskanälen. Damit sollen, neben dem Großhirn, entwicklungsgeschichtlich ältere Hirnanteile, die ganz wesentlich unser Erleben und Verhalten steuern, angesprochen werden.[60]

Bekannt wurde die Arbeit mit Impacttechniken durch die kanadische Autorin und Therapeutin Danie Beaulieu und ihr Buch »Impact-Techniken für die Psychotherapie«. Basierend auf der Annahme, dass es in der Therapie wichtig ist, dass Gedächtnisspuren entstehen und verankert werden, beschreibt sie insgesamt acht mnemotechnische Prinzipien (Beaulieu, 2016, S. 10 ff.), von denen das erste Prinzip, nämlich das multisensorische Lernen sicher das wichtigste ist. Das zweite Prinzip, nämlich Abstraktes konkret zu machen, spricht Kinder besonders an, aber natürlich bohren sich auch bei Erwachsenen Bilder, Metaphern, Symbole über die rechte Gehirnhälfte und dort mit Emotionen verknüpft besonders gut in den Hypocampus ein.

Die weiteren Prinzipien, das Utilisieren bereits bekannter Informationen, Emotionen auslösen und Interesse wecken, gehen auf Milton Ericksons teilweise ziemlich ungewöhnliche Therapiemethoden zurück[61], die Prinzipien sechs, sieben und acht beschreiben prägnant, wie erfolgreiches (Neu-/Um-)Lernen funktioniert, nämlich dann,

---

60 Zum höchst komplexen Verhältnis zwischen Erfahrung und Wahrnehmung und ihre Verknüpfung mit Sprache siehe Brockmeier (2015).

61 Bei Beaulieu finden sich einige Fallvignetten von Ericksons Therapie. Zum Weiterlesen sei auf die Bücher verwiesen, die Erickson zusammen mit seinen Schülern J. Zeig und E. Rossi veröffentlichte, sowie auf die Bücher von B. Trenkle, O. Meiss und G. Schmidt als die bekanntesten Vertreter der Hypnotherapie im deutschsprachigen Raum.

wenn es einfach ist, mit Lust und Spaß verbunden ist und übers stetige Wiederholen.

Impacttechniken arbeiten mit dem Einsatz von Objekten und Symbolen[62], die dadurch eine metaphorische Bedeutung erlangen, mit Stühlen und mit Bewegung im Raum.

Ähnlich wie bei der Arbeit mit Metaphern sollte auch hier gut reflektiert werden, welche eigenen metaphorische Konzepte des Beraters bzw. der Therapeutin für die Arbeit mit Klienten anschlussfähig sind und wo der Einsatz einer Impacttechnik eher einem Überwältigungsversuch gleichkommt.[63]

In der Selbstberatung können – da ja normalerweise die Anschlussfähigkeit an das Eigene vorliegt – die Konkretisierung und Verdinglichung bloß mentaler Repräsentanzen ebenfalls zu einem kreativen Erkenntnisgewinn führen.

62 Eine der am häufigsten beschriebene Impactmethode ist die Verwendung eines Geldscheines, was sicher Sinn macht in einer tauschwertfixierten Gesellschaft. Beaulieu (2013, S. 52) beschreibt z. B. ihre Arbeit mit einer als Kind sexuell missbrauchten Frau. Diese Frau sah sich in ihrem Selbstwert hochgradig reduziert. Um zu verdeutlichen, dass ihr Wert, in welcher Situation auch immer, stets gleich hoch ist, nahm Beaulieu einen 20-Dollarschein, trampelte darauf herum und fragte, ob der Schein nun weniger als 20 Dollar wert sei, was die Klientin verneinte. Auch den dann von Beaulieu zerknüllten Schein konnte sie als 20-Dollarnote erkennen.

63 Vgl. auch die Kritik von Martina Blauth (2014).

Übung 18: Kleine Dezentrierungsübung mit Objekt – kurze Anleitung für eine Beratung mit sich selbst (nach Stahl)

ZIEL: Unangenehmes fokussieren und klären
HILFSMITTEL: keine
DAUER: ca. 15 Min.

Durchführung

1. Vergegenwärtigen Sie sich, was Sie derzeit in Ihrem (beruflichen) Alltag immer mal wieder behindert, über Gebühr Ihre Aufmerksamkeit strapaziert, unwillkürlich beschäftigt, nervt …
2. Welche Überschrift passt zu diesem Thema, welchen Namen oder Titel könnten Sie diesem Phänomen geben?
3. Schauen Sie sich in dem Raum, in dem Sie sich gerade befinden, um und suchen sich ein Objekt aus, das dieses Thema symbolisieren könnte (z. B. eine Stehlampe, ein Flipchart).
4. Stellen Sie das gewählte Objekt im Raum auf und positionieren sich »ganz nach Gefühl« dazu. Achten Sie dabei lediglich auf den Ort im Raum für das Objekt, die Entfernung und die Blickrichtung, die Sie ihm gegenüber einnehmen.
5. Wie ist das für Sie, so in dieser Entfernung und in diesem Blickwinkel zu dem Objekt zu stehen? Was sehen Sie? Welche Gedanken oder Bilder kommen auf? Welche Gefühle oder Stimmungen machen sich breit? Welche körperlichen Empfindungen nehmen Sie wahr? Was fällt Ihnen sonst noch auf?
6. Drehen Sie sich im Uhrzeigersinn einen kleinen Schritt vom Objekt weg. Was sehen Sie? Was taucht nun bei Ihnen auf? Welche Gedanken, Bilder, Gefühle, Stimmungen, körperlichen Empfindungen stellen sich ein und was womöglich sonst noch?
7. Setzen Sie diese Wegbewegung in kleinen Schritten so lange fort, bis Sie am Ausgangspunkt wieder angekommen sind (360 Grad). Wie ist es für Sie jetzt, wieder an diesem früheren Ausgangsort zu stehen? Was ist anders? Welche Gedanken, Bilder, Gefühle, Stimmungen, körperlichen Empfindungen und was sonst noch nehmen Sie wahr?
8. Wenn Sie Veränderungsimpulse gegenüber dem Objekt verspüren, den Abstand zu ihm vergrößern oder verkleinern und/oder den Blickwinkel variieren wollen, folgen Sie ihnen vorsichtig

testend und umsichtig erkundend. Nachdem Sie sich umgruppiert haben und eine zumindest etwas bekömmlichere Stellung oder Position zum Thema eingenommen/gefunden haben, fragen Sie sich erneut: Was ist nun anders für mich? In welcher Hinsicht und in welchen Dimensionen?

9. Nehmen Sie anschließend eine Außenperspektive ein, aus der Sie sich und das symbolisierte Thema gleichermaßen betrachten können, und führen Sie eine Art Prozessreview durch. Wie war der Verlauf für Sie? Was war bemerkenswert, überraschend, interessant im Rückblick auf die einzelnen Zwischenschritte und den – vielleicht auch nur vorläufigen – Endstand?

Darüber hinaus können Sie sich fragen, ob das Bild der Endposition Anregungen zu neuen Beschreibungen, anderen Bewertungen oder bislang übersehenen Erklärungen für das Ausgangsthema enthält. Anschließend können Sie sich auf die Suche nach Hinweisen begeben, welche alltagstauglichen Handlungsideen oder Einstellungsänderungen sich für Sie daraus ergeben könnten.

Quellenverweis: Die Übung geht auf Hansjörg Stahl zurück.

Übung 19: Disney-Methode 3 + 1: Neue Perspektiven erschließen

ZIEL: Problemlösungsprozesse auf kreative Weise anstoßen
HILFSMITTEL: vier Stühle
DAUER: ca. 60 Min.

Von Walt Disney wird erzählt, dass er, um kreative Prozesse anzustoßen, in seinen Studios drei verschiedene Räume je unterschiedlich ausgestaltet hat und seine Teams nacheinander in die jeweiligen Räume eingeladen oder geschickt hat, damit diese dort kreativ träumten, kreativ kritisch waren und kreativ sich mit der praktischen Umsetzung ihrer Ideen beschäftigen konnten.

Robert Dilts (Dilts, Epstein u. Dilts, 1994, S. 84 ff.) fiel dabei auf, dass Disneys Kreativteams sich in den jeweiligen Räumen sehr unterschiedlich verhielten in Körpersprache und Sprachgestus. Diese unterschiedlichen Grundhaltungen personifizierte Dilts, nannte sie »Träumer, »Kritiker«, »Realist« und entwickelte daraus die »Disneystrategie«:

- Die Träumerin darf ein Feuerwerk neuer Ideen und toller Visionen zünden.
- Der Kritiker weiß sofort, welche Fallstricke, Hindernisse, Hürden auf dem Weg der Realisierung auftreten werden, wer Vorbehalte, Einwände haben könnte und wo mögliche Sollbruchstellen sich zeigen könnten.
- Die Realistin bedankt sich für so viel Input von beiden Seiten und strickt daraus einen Plan, der sich gut umsetzen lässt.

Wann ist die Methode anwendbar?

- Wenn Sie mit Ihrer bisherigen Entscheidungsphilosophie bei der Lösung Ihrer aktuellen Fragestellung nicht weiterkommen.
- Wenn Sie das Gefühl haben, Sie drehen sich im Kreis und haben noch nicht alles bedacht.
- Wenn Sie für sich selbst innere Prozesse und Dialoge transparent machen wollen.

Durchführung
Da Sie vermutlich kein Trickfilmstudio besitzen, begnügen Sie sich bitte mit dem Raum, der Ihnen im Moment zur Verfügung steht. Er dürfte erfahrungsgemäß dafür ausreichen.[64]

Machen Sie sich ihn passend: Verteilen Sie drei Stühle, die gern unterschiedlich gestaltet sein können, an jeweils unterschiedlichen Stellen im Raum. Diese drei Stühle markieren die jeweiligen Positionen, also Träumer*in Kritiker*in, Realist*in:

- Setzen Sie sich auf den *Stuhl der Träumerin* bzw. des Träumers und imaginieren Sie zunächst eine Situation aus der Vergangenheit, in der Sie besonders kreativ waren. Was haben Sie da gesehen, gehört, gefühlt? Achten Sie auf Ihre Körperhaltung. Bleiben Sie in dieser Position und erzählen Sie sich, bezogen auf Ihre aktuelle Fragestellung, Ihre Träume, Visionen, Gedanken, Phantasien, Wünsche. Machen Sie sich dabei gern Notizen, Skizzen oder suchen Sie sich Gegenstände, um das Geträumte zu ankern.
- Gehen Sie nun weiter und setzen Sie sich auf den *Stuhl der Kritikerin.* Stimmen Sie sich auch hier wieder auf die Rolle ein, indem Sie sich fragen, wann Sie zuletzt extrem kreativ kritisch waren. Sie werden merken, dass Sie sich in Ihrer Körperhaltung, Denk- und Sprechweise verändern. Als Kritiker können Sie unangenehme Gedanken zulassen und zu Ende denken, skeptischen Stimmen hören Sie aufmerksam zu, negative Gefühle sind als wichtige Hinweisgeber willkommen, Vorbehalte, Hindernisse, Fragen nach dem Nicht-Bedachten, nach Worst-Case-Szenarien werden gewürdigt und gewogen. Notieren Sie auch hier das Wesentliche und/oder ankern Sie Ihre Gedanken mittels Symbolen.
- Suchen Sie dann den *Stuhl der Realistin*/des Realisten auf. Same Procedure: Also imaginieren Sie zunächst aus der Vergangenheit eine Schlüsselsituation, in der Sie eine Aufgabe gut umgesetzt haben und dafür alles Wichtige bedacht haben. Aus dieser Haltung der Kompetenz heraus können Sie das in den beiden voran-

64 Ein Kollege bemerkte einmal, dass diese Übung sich im Prinzip auch in einem halbleeren Bus oder einer Straßenbahn durchführen lasse. Wohlan, seien Sie kreativ und nutzen Sie den Raum und die Zeit, die Ihnen zur Verfügung stehen!

gegangenen Positionen Gehörte filtern und eine realitätstaugliche Lösung entwickeln. Fragen Sie sich hierbei, was schon da ist, um die Frage zu klären oder das Problem zu lösen, was möglicherweise noch gebraucht wird, wer noch mit einbezogen werden sollte …

- Nehmen Sie jetzt einen *vierten Stuhl,* stellen ihn außerhalb des durch die anderen Stühle markierten Dreiecks auf und reflektieren von dieser Metaposition[65] aus noch einmal das Gesagte, Gehörte, Wahrgenommene: Sind alle Positionen mit ihren jeweiligen Essentials zu Wort gekommen? Gibt es bereits schon die eine oder andere gute Idee, wie Sie weiter verfahren können?
- Falls ja, beenden Sie die Übung an dieser Stelle. Falls nein, gehen Sie bitte erneut durch alle Positionen, um das dort bisher nicht Gesagte, Gehörte, Gefühlte aufzunehmen. Nachdem Sie wieder kühn die Welt aus den Angeln gehoben haben, kritisch Ihre Visionen auf die Goldwaage gelegt haben und sorgfältig einen Plan ausgetüftelt haben, wie alles sich so fügen könnte, dass es am Ende gut passt:
- Setzen Sie sich erneut auf den vierten Stuhl und blicken noch einmal von der Seitenlinie aus auf das Spielfeld.

Variante für die Peergruppe: Lassen Sie sich hierbei von einem Gruppenmitglied anleiten.

65 Die Metaposition lädt dazu ein, sich äquidistant zu allen drei anderen Positionen verhalten zu können und damit den Wert und das Wirken einer jeden dieser Positionen von einem äußeren Punkt aus reflektieren zu können.

Übung 20: Timeline und Processing – Sichtbarmachen innerer und äußerer Prozesse (gemäß NLP)

ZIEL: Reflexion einer beruflichen Situation
HILFSMITTEL: ein Seil, Kärtchen zum Beschreiben, eventuell ein Korb mit verschiedenen Gegenständen
DAUER: ca. 30 Min.

Die Metapher von der Zeit als Linie wird hier genutzt, um wesentliche Ereignisse aus der Vergangenheit, gegenwärtige und zukünftig erwünschte zu visualisieren auf einer am Boden ausgelegten Linie, der materialisierten Zeit.

Die Übung bietet die Möglichkeit, durch das Wahrnehmen aller Sinnesmodalitäten Bewertungen zu reflektieren und auch zu korrigieren, und kann dabei helfen, eine erwünschte Zukunft zu gestalten.

Durchführung

- Wählen Sie eine Entwicklung, die Sie gern im Zeitverlauf noch einmal Revue passieren lassen möchten (z. B. den Weg der Klientin in die Krise, den Prozess der Krisenbewältigung, den Verlauf Ihrer Therapeut*in-Klient*in-Beziehung etc.)
- Visualisieren Sie jetzt den Betrachtungszeitraum mittels eines Seils, das Sie auf den Boden legen: Das eine Ende stellt den Punkt in der Vergangenheit dar, bis wohin der Prozess zurückreicht, und das andere Ende eine Zukunft, die Sie anstreben. Markieren Sie auch die Gegenwart, also den Punkt, von dem aus Sie nach beiden Seiten blicken.
- Wählen Sie jetzt noch einen weiteren Punkt im Raum, die »Metaposition«, also eine Stelle, von der aus Sie auf das ganze Seil blicken können.
- Schreiben Sie mit Blick auf die Vergangenheit die wesentlichen bisherigen Meilensteine des Prozesses auf Moderationskarten und legen Sie diese entsprechend ihrer zeitlichen Abfolge auf passende Stellen am Seil.
- Wählen Sie zusätzlich zur Klarifizierung Ihres inneren Erlebens Symbole, Figuren, Bilder aus und legen Sie diese ebenfalls an das Seil.

- Nehmen Sie Ihre Metaposition ein und prüfen Sie, ob Ihre Anordnung stimmig ist, ob alles Wesentliche erfasst ist – wenn nicht: Ändern oder ergänzen Sie sie.
- Stellen Sie sich selbst jeweils neben diese Gegenstände an oder auf das Seil und nehmen Sie dabei Ihre Gedanken, Gefühle, körperlichen Reaktionen, mögliche Impulse wahr.
- Wagen Sie jetzt vom Gegenwartspunkt aus einen Blick in die Zukunft und stellen das innere Bild, das Sie in Bezug auf den weiteren Fortgang des Prozesses vor Augen haben, ebenfalls mittels Karten (auf denen Sie die künftigen Meilensteine/»Kapitelüberschriften« notieren) und Symbolen dar.
- Wieder kurz die Metaposition eingenommen und Blick aufs Seil mit der Frage: »Habe ich alles erfasst?«
- Falls sie dann Vorhandenes verändern oder Neues hinzufügen möchten: Stellen Sie sich auch hier neben diese Gegenstände und geben Sie Ihren Gedanken, Gefühlen und Impulsen Raum.
- Sammeln Sie alle Gedanken, Gefühle, inneren Bilder und Stimmen jetzt ein und nehmen Sie sie mit zur Metaposition, von der aus Sie nun überlegen können, was der allererste Schritt in die erwünschte Zukunft sein könnte.

Variante für die Peergruppenarbeit: In der Gruppe bietet es sich an, dass ein Mitglied das andere beim Tun anleitet.

Mit der Timelinearbeit können Sie auf vielfache Weise Ihrem Erkenntnisinteresse nachgehen:

- Sie können damit Ihre Ressourcen einsammeln: buchstäblich, indem Sie sie nicht nur auf Moderationskarten schreiben, sondern am Ende in einem Kästchen sammeln, Ihrer Ressourcenschatzkiste.
- Sie können Sie nicht nur im Selbstcoaching nutzen, sondern auch »bestimmungsgemäß« verwenden in der Beratungsarbeit.
- Sie können das Instrument auch nutzen, um die Prozesse in größeren Systeme (Paaren, Familien, Teams, Organisationen) darzustellen.

Übung 21: Auftragskarussell (nach Molter u. von Schlippe, in von Schlippe u. Schweitzer, 2009, S. 238 ff.)

ZIEL: Klarifizierung einer Situation, in der man/frau sich in einem Geflecht von sich mitunter widersprechenden oder gegenseitig ausschließenden Aufträgen zu verfangen droht

HILFSMITTEL: DIN-A4-Blätter oder Moderationskarten, Stift und – wenn vorhanden – einige Stühle

DAUER: ca. 60 Min.

Nicht selten haben es Professionelle in helfenden Berufen mit ziemlich komplexen Auftragslagen zu tun, wie in diesen beispielhaft skizzierten Fällen:

Beispiel 1: Da ist das Jugendamt, dass von Ihnen als Familienhelferin erwartet, die Mutter samt Kindern wieder »auf Kurs« zu bringen oder, falls das nicht gelingt, darzulegen, warum das nun ein Kinderschutzfall sei. Einer der leiblichen Väter möchte sowieso das alleinige Sorgerecht beantragen und hofft, die Helferin hier auf seiner Seite zu haben. Die Mutter möchte, dass alles bleibt, wie es ist, nur ohne Amt. Ein Kind möchte zu seinem Vater ziehen und der Träger möchte, dass der Fall eine Weile läuft. Und die Einzelfallhelferin selbst möchte ein weiteres Kind aus der Familie vor dem Kontakt zum gewalttätigen Großvater bewahren.

Beispiel 2: Sie sind als Ärztin auf der Krisenstation tätig und eine junge Frau wird nach einem Suizidversuch auf Ihre Station gebracht: Die Patientin möchte lediglich so schnell wie möglich nach Hause. Die Eltern der Patientin geben Ihnen zu verstehen, dass eine längerfristige Behandlung dringend erforderlich sei. Die Lebensgefährtin wünscht sich von Ihnen Flankenschutz, weil sie gerade dabei sei, sich zu trennen, und der kleine Sohn möchte, dass alle sich endlich gut verstehen und die Partnerin dableibt. Und dann gibt es noch Ihre inneren Stimmen, Ihre Kolleg*innen, Ihre Freund*innen, Ihre*n Partner*in, …

Mit der Methode des »Auftragskarussells« können Sie sich im Gemenge der unterschiedlichen Aufträge einen Überblick verschaffen und so alle äußeren und inneren Auftraggeber*innen, solche, die klar präsent sind, und solche, die im Hintergrund wirksam sind, identifizieren und die jeweiligen Aufträge, die Sie als Professionelle*r von ihnen erhalten, klären und sich ihnen gegenüber positionieren.

Durchführung

- Nehmen Sie zunächst einen Stuhl (oder ein Kissen), platzieren Sie ihn in der Mitte des Raums: Dies ist das Zentrum/der Fokus Ihres Karussells.
- Gehen Sie dann im Kopf alle *äußeren Auftraggeber,* die Ihnen einfallen, durch und schreiben jeden auf einen Zettel oder eine Karteikarte. Dies sind im Regelfall nicht nur die, mit denen Sie direkt im Kontakt sind, wie in den Beispielfällen oben z. B. das Jugendamt und die Mutter bzw. die Patientin, sondern das gesamte (Problem-) System, zu dem im ersten Beispiel u. a. auch die physisch nicht präsenten Väter der Kinder gehören, im zweiten Beispiel die Lebensgefährtin, der Sohn und die Eltern der Patientin. Auch wenn die offizielle Auftraggeberin im Beispiel 1 die Mutter ist, im Beispiel 2 die junge Patientin, so haben die anderen doch auch Aktien an dem Fall, sodass Sie von all diesen Menschen vermutlich entweder offene oder verdeckte, aber gut wahrnehmbare Aufträge erhalten.
- Im nächsten Schritt gehen Sie Ihre *inneren Auftraggeber**innen durch: Welche »inneren« Stimmen, die eventuell eigene Anteile repräsentieren, können Sie hören? Nehmen Sie z. B. innere Anteile war, die sehr mit Teilen des realen Problemsystems identifiziert sind, wie z. B. »den Kinderretter«, »die Kämpferin für Gerechtigkeit« etc.? Zu ihren inneren Auftraggeber*innen können auch Menschen gehören, die in Ihrem Leben eine bedeutsame Rolle spielen oder spielten, z. B. ein Elternteil, das Ihnen sagt: »Stress dich nicht zu sehr rein!«, oder eine große Schwester, die sagt: »Werde bloß nicht zu erfolgreich, sonst reißt unsere Verbindung ab!«, oder ein Partner, der sagt: »Kümmere dich mal mehr um unsere Beziehung, lass dich nicht so absorbieren von deiner Arbeit!«, oder eine Vorgesetzte, die wünscht, dass Sie nicht zu viel Zeit und Energie in diesen Fall investieren, weil jede Menge andere Arbeit wartet. Das sind alles nur Beispiele, Sie selbst kennen Ihre inneren Auftraggeber*innen natürlich am besten. Schreiben Sie nun auch diese inneren Auftraggeber*innen jeweils auf ein Blatt/eine Karteikarte.

- Legen Sie jetzt alle Karten/Blätter in einen Kreis um den Fokus herum. Falls Sie über so viele Stühle verfügen, stellen Sie eine entsprechende Anzahl Stühle im Kreis um den Fokus herum auf und legen Sie auf jeden Stuhl ein Blatt/eine Karteikarte.
- Laden Sie zum Schluss noch Ihren kreativen Teil, Ihre freundliche Neugierde, die Ihnen immer geholfen haben, Probleme erfolgreich zu lösen, ein, schreiben Sie auch hierfür ein Blatt/eine Karteikarte »Mein kreativer Teil/Meine freundliche Neugierde« oder »Meine kreative, freundliche Neugierde« und legen es/sie neben den Fokus in die Karussellmitte.
- Setzen Sie sich bitte nun auf den Stuhl in der Mitte und lassen Sie die Assemblage kurz auf sich wirken. Von woher weht Sie das intensivste Gefühl an?
- Beginnen Sie dort und setzen Sie sich auf den jeweiligen Stuhl/Platz und spüren Sie nach, welchen Auftrag Sie von dieser/diesem Auftraggeber*in erhalten. Sprechen Sie eventuell den Auftrag laut aus, notieren Sie ihn auf jeden Fall auf dem dort liegenden Blatt/der Karteikarte.
- Verfahren Sie so mit allen Auftraggebenden.
- Schreiten Sie eventuell zum Schluss noch einmal den gesamten Kreis ab und sprechen Sie sich alle Aufträge laut vor.
- Setzen Sie sich dann auf den Stuhl in der Mitte und spüren nach, welcher der Aufträge bei Ihnen noch besonders nachklingt, welcher möglicherweise besonders intensive Gefühle evoziert. Eventuell haben Sie jetzt kurzzeitig, vor den kommenden Schritten, ein kakophones Stimmengewirr im Ohr.
- Nehmen Sie dann ein letztes Blatt/eine letzte Karte. Es/sie trägt den Titel »Mein demokratisches Grundgefühl«. Dies weist Sie darauf hin, dass Sie niemals gezwungen sind, Aufträge quasi automatisch anzunehmen. Sie können jeden Auftrag jederzeit zurückweisen, wenn er Ihre Werte verletzt oder Ihnen aus anderen Gründen nicht annehmbar erscheint. Sie leben in einem freien Land. Gut möglich, dass Sie einen Preis dafür bezahlen werden, Aufträge auch abzulehnen, aber keine Macht der Welt kann Ihnen diese Entscheidung letztlich verbieten.
- Legen Sie diese Karte ebenfalls neben den Fokus.
- Setzen Sie sich nun vor jeden Auftraggeber/jede Auftraggeberin,

sprechen Sie den Auftrag noch einmal laut oder leise aus und überlegen Sie, ob Sie ihn so, wie er Ihnen gegeben wurde, annehmen können, ob Sie mit dem/der Auftraggeber*in in Verhandlung treten müssten, um sich gemeinsam auf einen neuen, für Sie annehmbaren Auftrag einigen zu können, oder ob Sie den Auftrag zurückweisen. Sie wissen, es ist möglich, »Nein« zu sagen, und mitunter ist das auch erforderlich, weil Sie, wenn Sie gleichzeitig rechts und links gehen wollen, nicht von der Stelle kommen werden.

- Bei extrem sich widersprechenden Aufträgen aus dem realen Problemsystem könnte es sinnvoll sein, hier noch einmal in die Auftragsklärung mit allen Akteuren zu gehen. Dies ist im zweiten Beispiel gut vorstellbar, wo die Eltern der jungen Frau offenbar schon lange in Sorge sind, aber die junge Frau sicher auch gute Gründe hat, schnell wieder nach Hause zu gehen. Wenn innere Stimmen als Auftraggeber*innen sehr hartnäckig sind, möglicherweise in vielen Ihrer Fälle stets höchst präsent sind, könnte es sich um Repräsentant*innen eigener wichtiger Themen handeln, die möglicherweise einer gesonderten Aufmerksamkeit in einem anderen Rahmen bedürfen.

Variante für die Peergruppe: Lassen Sie ein Gruppenmitglied die Anweisung sprechen, bitten Sie gegebenenfalls die anderen Gruppenmitglieder, die Aufträge laut auszusprechen.

Wunschbild: Nachbemerkungen

»Ich sagte, öffnen Sie das Fenster,
seit einigen Tagen kann ich fliegen.«
Werner Herzog (2012, S. 21)

Möglicherweise haben Sie das eine oder andere hier im Buch Vorgestellte ausprobiert, haben die Erfahrung gemacht, dass dieses gut zu Ihnen passt, jenes eher nicht. Vielleicht kannten Sie das eine oder andere Tool bereits und können ihm nun sogar Neues abgewinnen. Vielleicht überlegen Sie aber auch noch, ob Sie etwas ausprobieren wollen, und warten auf die passende Gelegenheit.

Falls Ersteres der Fall ist, können Sie hoffentlich den Nützlichkeitsaspekt des Buchs relativ hoch skalieren, falls Letzteres zutrifft, sei Ihnen gewünscht, dass Sie im Fall der Fälle ein für Sie nützliches Werkzeug finden können.

Ideal wäre es allerdings, wenn Sie das Buch gar nicht bräuchten! Ideal wäre es, wenn so ein Buch mit Selbstberatungstools auf ein höfliches, eher akademisches Interesse bei Ihnen als gebildete*r Leser*in und professionelle Berater*in stößt, Sie einiges davon auch für Ihre beraterische und/oder therapeutische Tätigkeit nutzen können oder gern mal die eine oder andere Idee daraus weitergeben, aber selbst in einer beruflichen Situation sind, in der Sie auf Selbstberatung nicht setzen müssen, weil

- Ihr Arbeitskontext so professionalisiert ist, dass Sie jederzeit interne und externe Supervision oder Coaching nachfragen können;
- Sie also zumindest regelmäßig mindestens einmal pro Monat das Angebot einer Supervision haben und das auch nutzen können;
- Ihr Setting so gestaltet ist, dass entweder Situationen, in denen Sie relativ zeitnah einen Austausch benötigen, nicht auftreten oder für diese Fälle vonseiten der Organisation vorgesorgt ist (siehe oben).

Menno Baumann (2019, S. 110 ff.) beschreibt ein paar Grundbedingungen, die erfüllt sein müssen, damit die in Jugendhilfe und Schule mit schwierigen jungen Menschen tätigen Pädagog*innen dort nicht nur irgendwie arbeiten können, sondern so, dass ihre eigenen Ansprüche und Bedürfnisse mit den Notwendigkeiten der konkreten Tätigkeit einigermaßen zu Deckung kommen. Dies sollte nicht nur für die dort beschriebenen Tätigkeitsfelder gelten, sondern die Conditio sine qua non für alle (helfenden) Berufe darstellen.

So ist es günstig, wenn die Institution so aufgestellt ist, dass ihr Überleben nicht vom positiven Verlauf eines einzelnen Falls abhängt. »Hauptsache, das Bett wird nicht kalt«, »Wir müssen den Platz sofort wieder vergeben«, solche Sätze, die eine Art »Belegungstrance« induzieren und den dort Arbeitenden die Möglichkeit nehmen, inhaltliche Kriterien an eine Aufnahme anzulegen oder überhaupt eine ordentliche Auftragsklärung durchzuführen, sind eher ungünstig. Sie erhöhen die Fallhöhe, wenn es schiefgeht, und generieren auf beiden Seiten wiederholt eine Negativerfahrung. Die kann allerdings von einem Team oder einer Institution immer noch irgendwie absorbiert werden, nicht jedoch von den gleichermaßen betroffenen Klient*innen, die ja ohnehin schon als »schwierig« gelabelte Individuen sind.

Sie als Mitarbeiter*in sollten für das, was Sie tun, ausreichend Zeit haben. Und wenn Sie selbst nicht da sind, weil Sie krank sind oder verreist oder an einer Fortbildung teilnehmen, sollte die Institution für Ersatz sorgen können, und zwar geplant und unmittelbar. Es sollte also ein Vertretungsmanagement geben mit Kolleg*innen, die als Back-up zur Verfügung stehen.

Für die persönliche Balance kann es auch gut sein, sich nicht einer einzigen Institution mit Haut und Haar zu verschreiben, sondern seine Arbeitskraft zu streuen und sich z. B. zwei Institutionen in Teilen zur Verfügung zu stellen. Das Arbeiten hier könnte dann die Erholung vom Stress dort sein und umgekehrt.

Supervision im Team oder ein anderes Format der Reflexion sollte obligat sein in regelmäßigen Abständen. Regelmäßig meint hier, einmal monatlich als Faustregel. Ebenfalls wichtig ist aber auch eine kurzzeitig abrufbare Supervision, um krisenhafte Verläufe oder Ereignisse reflektieren zu können.

Gut, wenn Supervision im Einzelsetting zur Verfügung steht, um eigene Themen, die durch die Arbeit mit bestimmten Klientinnen und Klienten angetriggert werden, besprechen zu können.

Neben verschiedenen Möglichkeiten der Reflexion sind die regelmäßige fachliche Weiterbildung und Hospitationen in anderen Einrichtungen eine gute Möglichkeit, um zu sehen, wie es andere machen, und das eigene Tun einsortieren zu können.

All das sind keine frommen Wünsche, sondern formuliert Anforderungen an eine professionell gelebte Wirklichkeit. Überall dort, wo diese Desiderate noch nicht implementiert sind, stellen sie doch einen über institutionelle und politische Wege zu erreichenden zukünftigen Zustand dar.

Zum Schluss: Drei Fragen

Weil aber die Arbeit und ihre damit leider manchmal verbundenen Kalamitäten nur das halbe Leben sind, soll der Schluss eine Reflexion zum ganzen Leben sein, den »Drei Fragen für ein glückliches Leben« von Luc Isebaert (2009, S. 112):

1. Was habe ich heute getan, das mich sehr glücklich oder zufrieden macht?
2. Was haben andere heute getan, das mich glücklich macht? Was habe ich daraufhin getan, damit es die anderen wissen oder es wieder tun?
3. Was habe ich heute gehört, gerochen, gefühlt, gesehen, erfahren, das mich wirklich glücklich macht?

Dank

An diesem Buch haben viele Menschen einen Anteil: Mein Dank gilt Sandra Englisch vom Verlag, die die Idee zu diesem Buch hatte, und den vielen anderen im Verlag, die daraus ein schönes Buch haben werden lassen, nicht zuletzt auch dem geduldigen Lektorat unter Ulrike Rastin.

Maßgeblichen inhaltlichen Anteil hatte mein Kollege Hansjörg Stahl, mit dem ich gemeinsam in den letzten Jahren Kurse in Supervisions- und Organisationsbegleitung am IST Berlin durchgeführt habe.

Dank auch an alle Supervisand*innen und Coachees für all die interessanten Fragestellungen und die damit verbundenen Einblicke in vielfältige Arbeitsbereiche.

Und danke, liebe Workshopteilnehmer*innen, dafür, die Tools am eigenen Leib ausprobiert und für nützlich befunden zu haben.

Literatur

Alsdorf, N., Engelbach, U., Flick, S., Haubl, R., Voswinkel, S. (2017). Psychische Erkrankungen in der Arbeitswelt. Analysen und Ansätze zur therapeutischen und betrieblichen Bewältigung. Bielefeld: Transcript.

Antonovsky, A. (1997). Salutogenese. Zur Entmystifizierung von Gesundheit. Tübingen: dgvt.

Bachmann, I. (1953/1992). Ausfahrt. In I. Bachmann, Die gestundete Zeit (13. Aufl.). München: Piper.

Bachmann, I. (1968). Keine Delikatessen. 4 Gedichte. Kursbuch 15: I, II, III (Gedichte und Erzählungen). Frankfurt a. M.: Suhrkamp.

Bateson, G. (1987). Geist und Natur. Eine notwendige Einheit. Frankfurt a. M.: Suhrkamp.

Baumann, M. (2019). Kinder, die Systeme sprengen. Impulse, Zugangswege und hilfreiche Settingbedingungen für Jugendhilfe und Schule, Bd. 2. Baltmannsweiler: Schneider Hohengehren.

Beaulieu, D. (2013). Impact-Techniken für die Psychotherapie (6. Aufl.). Heidelberg: Carl-Auer.

Belardi, N. (2013). Supervision. Grundlagen, Techniken, Perspektiven (4. Aufl.). München: Beck.

Bengel, J., Lyssenko, L. (2012). Resilienz und psychologische Schutzfaktoren im Erwachsenenalter. Stand der Forschung zu psychologischen Schutzfaktoren von Gesundheit und Erwachsenalter (Forschung und Praxis der Gesundheitsförderung, Bd. 43). Köln: Bundeszentrale für gesundheitliche Aufklärung.

Blauth, M. (2014). Betrachtung der Techniken und deren Wirkfaktoren in Impact-Therapie und Erickson'scher Hypnotherapie unter Einbeziehung weiterer zeitgenössischer Therapie- und Beratungsansätze. https://www.inhypnos.de/fileadmin/downloads/P-Impact-Hypnotherapie-Blauth.pdf (6.2.2020).

Bröckling, U. (2013). Der Mensch als Akku, die Welt als Hamsterrad. Konturen einer Zeitkrankheit. In S. Neckel, G. Wagner (Hrsg.), Leistung und Erschöpfung. Burnout in der Wettbewerbsgesellschaft (S. 179–200). Frankfurt a. M.: Suhrkamp.

Bröckling, U. (2017). Resilienz. Über einen Schlüsselbegriff des 21. Jahrhunderts. https://www.soziologie.uni-freiburg.de/personen/broeckling/broeckling-resilienz (8.4.2020).

Brockmeier, J. (2015). Erfahrung und Erzählung. In C. E. Scheid, G. Lucius-

Hoene, A. Stukenbrock, E. Waller (Hrsg.), Narrative Bewältigung von Trauma und Verlust (S. 3–13). Stuttgart: Schattauer.

Bruner, J. (1986). Actual Minds, Possible Worlds. Cambridge MA: Harvard Press. https://www.coaching-report.de/lexikon/supervision.html (30.11.2019).

Buchholz, M. B., Kleist, C. von (1997). Szenarien des Kontakts. Eine metaphernanalytische Untersuchung stationärer Psychotherapie. Gießen: Psychosozial-Verlag.

Bund, K., Knud, H. (2019). Die Macht der wenigen. Die Zeit, 1, 27.12.2019, S. 25.

Damasio, A. R. (2004). Descartes' Irrtum. Fühlen, Denken und das menschliche Gehirn (9. Aufl.). München: List.

DGPPN (2012) Positionspapier der DGPPN zu Burnout: http://www2.psychotherapeutenkammer-berlin.de/uploads/stellungnahme_dgppn_2012.pdf (30.12.2019).

Dick, M., Marotzki, W., Mieg, H. (Hrsg.) (2016). Handbuch Professionsentwicklung. Bad Heilbrunn: Julius Klinkhardt.

Dilts, R. B. (1993). Die Veränderung von Glaubenssystemen. NLP-Glaubensarbeit. Paderborn: Junfermann.

Dilts, R. B., Epstein, T., Dilts, R. W. (1994). Know-how für Träumer: Strategien der Kreativität. NLP & Modelling, Struktur der Innovation. Paderborn: Junfermann.

Döveling, K. (2017). Bilder von Emotionen – Emotionen durch Bilder. Eine interdisziplinäre Perspektive: https://www.researchgate.net/publication/315856725_Bilder_von_Emotionen_-_Emotionen_durch_Bilder_Eine_interdisziplinare_Perspektive (5.2.2020).

Emerson, R. W. (1883/2003). Nature and Other Essays. London: Penguin Books.

Fernis, U., Kühling, L. (2004). Systemische Tröstungen. Kontext, 35 (2), 165–170.

Foer, J. S. (2019). Wir sind das Klima! Wie wir unseren Planeten schon beim Frühstück retten können. Köln: Kiepenheuer & Witsch.

Foerster, H. von (1993). Wissen und Gewissen. Versuch einer Brücke. Hrsg. von S. J. Schmidt. Frankfurt a. M.: Suhrkamp.

Fröhlich-Gildhoff, K., Rönnau-Böse, M. (2019). Resilienz (5. Aufl.). München: Reinhardt (UTB-Profile).

Fuchs, T., Iwer, L., Micali, S. (Hrsg.) (2018). Das überforderte Subjekt. Zeitdiagnosen einer beschleunigten Gesellschaft. Berlin: Suhrkamp

Gabriel, T. (2005). Resilienz – Kritik und Perspektiven. Zeitschrift für Pädagogik, 51 (2), 207–217.

Goffman, E. (1995). Asyle. Über die soziale Situation psychiatrischer Patienten und anderer Insassen (10. Aufl.). Frankfurt a. M.: Suhrkamp.

Grossmann, R., Bauer, G., Scala, K. (2015). Einführung in die systemische Organisationstheorie. Heidelberg: Carl-Auer.

Griem, J. (2019). »Erzählen als disziplinäre Außenkommunikation«. Vortrag auf einer Tagung des kulturwissenschaftlichen Instituts Essen AM 02.10.2019. https://www.deutschlandfunknova.de/beitrag/storytelling-erzaehlen-stilltunsere-sehnsucht am 09.02.2020 (Podcast).

Grubendorfer, C. (2016). Einführung in systemische Konzepte der Unternehmenskultur. Heidelberg: Carl-Auer.
Hagemann, M., Rottmann, C. (2005). Selbstsupervision für Lehrende. Konzept und Praxisleitfaden zur Selbstorganisation beruflicher Reflexion (3. Aufl.). Weinheim u. München: Juventa.
Han, B.-C. (2019). Vom Verschwinden der Rituale. Eine Topologie der Gegenwart. Berlin: Ullstein.
Hantke, L., Görges, H.-J. (2012). Handbuch Traumakompetenz. Basiswissen für Therapie, Beratung und Pädagogik. Paderborn: Junfermann.
Hantke, L., Görges, H.-J. (2019). Ausgangspunkt Selbstfürsorge. Strategien und Übungen für den psychosozialen Alltag. Paderborn: Junfermann.
Hargens, J. (2010). Werkstattbuch Systemisches Coaching. Aus der Praxis für die Praxis (2. Aufl.). Dortmund: Borgmann Media.
Hargens, J., Grau, U. (1995). Systemisch-konstruktivische Supervision. In F.-W. Wilker (Hrsg.), Supervision und Coaching. Aus der Praxis für die Praxis (S. 27–40). Bonn: Deutscher Psychologen-Verlag (dvp).
Haubl, R. (2017). Soziale Unterstützung durch Vorgesetzte und Kollegen. Anspruch und Wirklichkeit. In N. Alsdorf, U. Engelbach, S. Flick, R. Haubl, S. Voswinkel, S., Psychische Erkrankungen in der Arbeitswelt. Analysen und Ansätze zur therapeutischen und betrieblichen Bewältigung (S. 145–166). Bielefeld: Transcript.
Haubl, R. (2018). Erwerbsarbeit und psychische Gesundheit. In T. Fuchs, L. Iwer, S. Micali (Hrsg.), Das überforderte Subjekt. Zeitdiagnosen einer beschleunigten Gesellschaft (S. 368–388). Berlin: Suhrkamp
Hendriksen, J. (2000). Intervision. Kollegiale Beratung in Sozialer Arbeit und Schule. Weinheim u. Basel: Beltz.
Herwig-Lempp, J. (2016). Ressourcenorientierte Teamarbeit. Systemische Praxis der kollegialen Beratung. Ein Lern- und Übungsbuch. Göttingen: Vandenhoeck & Ruprecht.
Herzog, W. (2012). Vom Gehen im Eis. München – Paris, 23.11. bis 14.12.1974. München: Hanser.
Hildenbrand, B. (2006) Resilienz in sozialwissenschaftlicher Perspektive. In R. Welter-Enderlin, B. Hildenbrand (Hrsg.), Resilienz – Gedeihen trotz widriger Umstände (S. 20–27). Heidelberg: Carl-Auer.
Holofernes, J. (2003). Guten Tag. In J. Holfernes, Wir sind Helden: Die Reklamation (Songs auf CD). Köln: EMI-Electrola.
Horkheimer, M., Adorno, T. W. (2006). Dialektik der Aufklärung. Philosophische Fragmente (16. Aufl.). Frankfurt a. M.: Fischer.
Høystad, O. M. (2006). Kulturgeschichte des Herzens. Von der Antike bis zur Gegenwart. Köln u. a.: Böhlau.
Isebaert, L. (2009). Praktisches Handbuch der Kurzzeittherapie. Stuttgart: Thieme.
Kannetzky, F. (2014). Zur Logik des Seltsamen. Paradoxien und ihre Lösungsstrategien. In W. Gratzer, O. Neumaier (Hrsg.), Der Gordische Knoten. Lösungsszenarien in Wissenschaft und Kunst (S. 27–54). Wien u. a.: LIT.

Keel, D. (2003). Qualität von Supervision. St. Gallen: K-Kommunikation.
Klingner, S. (2011). Hab ich selbst gemacht: 365 Tage, 2 Hände, 66 Projekte. Köln: Kiepenheuer & Witsch.
Kotte, S., Hinn, D., Oellerich, K., Möller, H. (2016). Der Stand der Coachingforschung: Kernergebnisse der vorliegenden Metaanalysen (Organisationsberatung, Supervision, Coaching, Bd. 23). Wiesbaden: Springer. https://www.researchgate.net/publication/297746833_Der_Stand_der_Coaching-forschung_Kernergebnisse_der_vorliegenden_Metaanalysen/citation/download (20.2.2020).
Kühl, S. (2008). Coaching und Supervision Zur personenorientierten Beratung in Organisationen. Wiesbaden: VS/GWV Fachverlage.
Lakoff, G., Johnson, M. (1996). Metaphors we live by (11. Aufl.). Chicago: The University of Chicago Press.
Leopoldina (2020). Coronavirus-Pandemie: Medizinische Versorgung und patientennahe Forschung in einem adaptiven Gesundheitssystem. https://www.leopoldina.org/uploads/tx_leopublication/2020_05_27_Stellungnahme_Corona_Gesundheitssystem.pdf (27.5.2020).
Levold, T. (2006). Metaphern der Resilienz. In R. Welter-Enderlin, B. Hildenbrand (Hrsg.), Resilienz – Gedeihen trotz widriger Umstände (S. 203–254). Heidelberg: Carl-Auer.
Levold T. (2007). Die systemische Bewegung als lernendes System. https://www.systemagazin.de/bibliothek/texte/levold_systemische_bewegung.pdf (15.4.2020).
Lippmann, E. (2003). Intervision. Kollegiales Coaching professionell gestalten. Berlin u. a.: Springer.
Luhmann, N. (2016). Der neue Chef. Frankfurt a. M.: Suhrkamp.
Luxemburg, R. (1898/1984). Brief an Mathilde und Robert Seidel, Berlin, 30. Dezember 1898. In: Gesammelte Briefe, Band 1 (2. Aufl.). Berlin: Dietz.
MacIntyre, A. (1981). After virtue. A study in moral theory. Notre Dame, IN: University of Notre Dame Press.
Maturana, H. R., Varela, J. F. (1987). Der Baum der Erkenntnis. Die biologischen Wurzeln des menschlichen Erkennens. Bern u. a.: Scherz.
McLuhan, M. (1964). Die magischen Kanäle. Understanding Media. Dresden u. Basel: Verlag der Kunst.
Mink, L. O. (1987). Historical understanding. Ithaka u. London: Cornell Universitiy Press.
Mohl, A. (2006). Der große Zauberlehrling. Das NLP-Arbeitsbuch für Lernende und Anwender (Teilbd. 2). Paderborn: Junfermann.
Müller, G., Hoffman, K. (2002). Systemisches Coaching. Handbuch für die Beraterpraxis. Heidelberg: Carl-Auer.
Neckel, S., Wagner, G. (Hrsg.) (2013). Leistung und Erschöpfung. Burnout in der Wettbewerbsgesellschaft. Frankfurt a. M.: Suhrkamp.
Neocleous, M. (2013). Resisting Resilience. https://www.radicalphilosophyarchive.com/issue-files/rp178_commentary_neocleous_resisting_resilience.pdf (8.4.2020).

Parker, S. J. (2020). Quotes. https://www.brainyquote.com/quotes/sarah_jessica_parker_381862 (20.6.2020).

Petek, R. (2012). Das Nordwandprinzip. Wie Sie das Ungewisse managen: neues Denken, neues Handeln, neue Wege gehen. Wien: Linde.

Piaget, J. (1980). Psychologie der Intelligenz. Stuttgart: Klett-Cotta. https://arbeitsblaetter.stangl-taller.at/KOGNITIVEENTWICKLUNG/Piagetmodell9.shtml (20.6.2020).

Radatz, S. (2006). Einführung in das systemische Coaching. Heidelberg: Carl-Auer.

Reddemann, L. (2001). Imagination als heilsame Kraft. Stuttgart: Klett-Cotta.

Resilienz und psychologische Schutzfaktoren im Erwachsenenalter – Stand der Forschung zu psychologischen Schutzfaktoren von Gesundheit im Erwachsenenalter (Forschung und Praxis der Gesundheitsförderung, Bd. 43). Köln: Bundeszentrale für gesundheitliche Aufklärung.

Röggla, K. (2004). Wir schlafen nicht. Roman. Frankfurt a. M.: Fischer.

Rosa, H. (2016). Resonanz: Eine Soziologie der Weltbeziehung. Berlin: Suhrkamp.

Roth, G. (2003). Aus Sicht des Gehirns. Frankfurt a. M.: Suhrkamp.

Saupe, A., Wiedemann, F. (2015). Narration und Narratologie. Erzähltheorien in der Geschichtswissenschaft. http://docupedia.de/zg/Narration?oldid=125817 (20.6.2020).

Scheid, C. E., Lucius-Hoene, G., Stukenbrock, A., Waller, E. (Hrsg.) (2015). Narrative Bewältigung von Trauma und Verlust. Stuttgart: Schattauer.

Schlippe, A. von, Schweitzer, J. (2009). Systemische Interventionen. Göttingen: Vandenhoeck & Ruprecht.

Schlippe, A. von, Schweitzer, J. (2012). Lehrbuch der systemischen Therapie und Beratung I. Das Grundlagenwissen. Göttingen: Vandenhoeck & Ruprecht.

Schlötter, P. (2005). Der Standpunkt bestimmt die Wahrnehmung. Interview. https://www.managerseminare.de/ms_News/Der-Standpunkt-bestimmt-die-Wahrnehmung-Interview-mit-Peter-Schloetter,146354 (25.1.2020).

Schlötter, P. (2016). Vertraute Sprache und ihre Entdeckung. Systemaufstellungen sind kein Zufallsprodukt – der empirische Nachweis (3. Aufl.). Heidelberg: Carl-Auer.

Schmid, B. (2008). Wenn der Coach in der Zwickmühle steckt: Über den Umgang mit Dilemmata. https://www.coaching-magazin.de/beruf-coach/wenn-der-coach-in-der-zwickmuehle-steckt (25.12.2019).

Schmid, B., Veith, T., Weidner, I. (2019). Einführung in die kollegiale Beratung. Heidelberg: Carl-Auer.

Schmidt, G. (2013). Liebesaffären zwischen Problem und Lösung. Hypnosystemisches Arbeiten in schwierigen Kontexten (5. Aufl.). Heidelberg: Carl-Auer.

Schmidt, G. (2017). Kontextbezogenes Glück – Wie? Hypnosystemische Kompetenz und Flow-Strategien. http://www.ippm.at/wp-content/uploads/2017/01/schmidt_hd.pdf (22.6.2020).

Schmitt, R. (2016). Arbeiten in und mit Metaphern: eine konzeptionelle Anregung. file:///Users/benutzer/Documents/Buch/383-1495-1-PBR-Schmitt_Arbeiten_in_und_mit_Metaphern.pdf (19.12.2019).

Schmitt, R., Schröder, J., Pfaller, L. (2018). Systematische Metaphernanalyse. Eine Einführung. Wiesbaden: Springer Fachmedien.

Schmitz, H. (2011). Der Leib (Grundthemen Philosophie). Berlin u. Boston: de Gruyter.

Schreyögg, A., Schmidt-Lellek, C. (2015). Die Professionalisierung von Coaching als fortdauernder Prozess. In A. Schreyögg, C. Schmidt-Lellek (Hrsg.), Die Professionalisierung von Coaching. Ein Lesebuch für den Coach (S. X–XVI). Wiesbaden: Springer Fachmedien.

Schulz von Thun, F. (1998) Miteinander reden, Bd. 3: Das »innere Team« und situationsgerechte Kommunikation. Reinbek: Rowohlt.

Schumacher, B. (2006). Die Balance der Unterscheidung. Zur Form systemischer Beratung und Supervision. Heidelberg: Carl-Auer.

Schwarz, R. (2015). Applied Embodiment und das Konzept der Leiblichkeit in Beratung, Supervision und Coaching. Resonanzen. E-Journal für biopsychosoziale Dialoge in Psychotherapie, Supervision und Beratung. https://www.resonanzen-journal.org/index.php/resonanzen/article/view/368 (24.1.2020).

Sennett, R. (2006). Der flexible Mensch: Die Kultur des neuen Kapitalismus. Berlin: Berliner Taschenbuch-Verlag.

de Shazer, S., Dolan, Y. (2009). Mehr als ein Wunder. Die Kunst der lösungsorientierten Kurzzeittherapie. Heidelberg: Carl-Auer.

Sigrist, J. (2009). Werteorientierte Gratifikationssysteme im Gesundheitswesen. http://www.oberberg-stiftung.de/tl_files/content/buch %20edition %2009/edition %2009–8_Werteorientierte %20Gratifikationssysteme %20 %20 im %20Gesundheitswesen.pdf (30.12.2019).

Sigrist, J. (2012). Gratifikationskrisen am Arbeitsplatz und ihre Folgen. https://www.dgsf.org/ueber-uns/gruppen/fachgruppen/fachgruppe-humane-arbeit-und-burnout-praevention/Burnout %20- %20Der %20Preis %20fuer %20 die %20Leistungsgesellschaft %20- %20Prof. %20Siegrist.pdf (30.12.2019).

Simon, F. B. (2006). Einführung in Systemtheorie und Konstruktivismus. Heidelberg Carl-Auer-Verlag.

Simon, F. B. (2009). Gemeinsam sind wir blöd? Die Intelligenz von Unternehmen, Managern und Märkten (3. Aufl.). Heidelberg: Carl-Auer.

Sparrer, I., Varga von Kibéd, M. (2000). Ganz im Gegenteil. Tetralemmaarbeit und andere Grundformen Systemischer Strukturaufstellungen – für Querdenker und solche, die es werden wollen. Heidelberg: Carl-Auer.

Sparrer, I., Varga von Kibéd, M. (o. J.). Über Systemische Strukturaufstellungen: Im Gespräch mit Elisabeth Ferrari. https://www.youtube.com/watch?v=qD1Se1d3h9g – 14'33"–18'40" (28.1.2020).

Stewart, M. (2017). 10 Essential Life Tips From Martha Stewart Slideshow. https://www.thedailymeal.com/entertain/10-essential-life-tips-martha-stewart-slideshow/slide-2 (20.6.2020).

Storch, M., Krause, F. (2007). Selbstmanagement – ressourcenorientiert. Grundlagen und Trainingsmanual für die Arbeit mit dem Zürcher Ressourcen Modell ZRM (4. Aufl.). Bern: Huber.

Storch, M. (2017). Wie Embodiment in der Psychologie erforscht wurde. In M. Storch, B. Cantieni, G. Hüther, W. Tschacher: Embodiment. Die Wechselwirkung von Körper und Psyche verstehen und nutzen (S. 35–72). Bern: Hogrefe.

Storch, M., Cantieni, B., Hüther, G., Tschacher, W. (2017). Embodiment. Die Wechselwirkung von Körper und Psyche verstehen und nutzen. Bern: Hogrefe.

Tietze, K.-O. (2016). Kollegiale Beratung. In M. Dick, W. Marotzki, H. Mieg (Hrsg.), Handbuch Professionsentwicklung (S. 309–320). Bad Heilbrunn: Julius Klinkhardt.

Tietze, K.-O. (2017). Kollegiale Beratung. https://www.researchgate.net/profile/Kim_Oliver_Tietze/publication/320831267_Kollegiale_Beratung/links/59fc5c58aca272347a20f4d1/Kollegiale-Beratung.pdf (20.2.2020).

Tschacher, Wolfgang, Storch, Maja (2010). Embodiment und Körperpsychotherapie. In: A. Künzler, C. Böttcher, R. Hartmann, M. H. Nussbaum (Hrsg.), Körperzentrierte Psychotherapie im Dialog (S. 161–178). Heidelberg: Springer.

Varela F. J., Thompson, E., Rosch, E. (1992). Der mittlere Weg der Erkenntnis. Die Beziehung von Ich und Welt in der Kognitionswissenschaft – der Brückenschlag zwischen wissenschaftlicher Theorie und menschlicher Erfahrung (Orig.: The embodied mind). Bern u. a.: Scherz.

Voges, J. (2017). »Selbst ist der Mann«. Do-it-yourself und Heimwerken in der Bundesrepublik Deutschland. Göttingen: Wallstein.

Voss, G. G., Weiss, C. (2013). Burnout und Depression – Leiterkrankungen des subjektivierten Kapitalismus oder: Woran leidet der Arbeitskraftunternehmer? In S. Neckel, G. Wagner (Hrsg.), Leistung und Erschöpfung. Burnout in der Wettbewerbsgesellschaft (S. 29–57). Frankfurt a. M.: Suhrkamp.

Voswinkel, S. (2017). Psychisch belastende Arbeitssituationen und die Frage der »Normalität«. In N. Alsdorf, U. Engelbach, R. Haubl, S. Flick, S. Voswinkel: Psychische Erkrankungen in der Arbeitswelt. Analysen und Ansätze zur therapeutischen und betrieblichen Bewältigung (S. 59–94). Bielefeld: Transcript.

Watzlawick, P., Weakland, J. H., Fisch, R. (1992). Lösungen. Zur Theorie und Praxis menschlichen Wandels (5. Aufl.). Bern u. a.: Huber.

Wefing, H. (2019). Noch mal davongekommen. Die Zeit, 27.12.2019, S. 1.

Weinblatt, U. (2016). Die Nähe ist ganz nah! Scham und Verletzungen in Beziehungen überwinden. Göttingen: Vandenhoeck & Ruprecht.

Weinhold, J. (2013) Forschungsprojekt Systemaufstellungen. Zusammenfassung der ersten Ergebnisse der »Heidelberger Studie«. https://www.systemaufstellung.com/files/ergebnisse_forschung_systemaufst2013.pdf (21.4.2020).

Welter-Enderlin, R., Hildenbrand, B. (Hrsg.) (2006). Resilienz – Gedeihen trotz widriger Umstände. Heidelberg: Carl-Auer.

Werner, E. E. (2006). Wenn Menschen trotz widriger Umstände gedeihen – und was man daraus lernen kann. In R. Welter-Enderlin, B. Hildenbrand (Hrsg.), Resilienz – Gedeihen trotz widriger Umstände (S. 28–42). Heidelberg: Carl-Auer.

White, M., Epston, D. (1994). Die Zähmung der Monster. Literarische Mittel zu therapeutischen Zwecken (2. Aufl.). Heidelberg: Carl-Auer.

Wustmann, C. (2005). Die Blickrichtung der neueren Resilienzforschung. Wie Kinder Lebensbelastungen bewältigen. Zeitschrift für Pädagogik, 51 (2), 192–206.

Yuknavitch, L. (2017). The chronology of water. A memoir. Portland, OR: Hawthorne Books.

Zwack, J. (2012). Wie Ärzte gesund bleiben – Resilienz statt Burnout. Stuttgart u. New York: Thieme.

Zwack, J., Bossmann, U. (2017). Wege aus beruflichen Zwickmühlen. Navigieren im Dilemma. Göttingen: Vandenhoeck & Ruprecht.